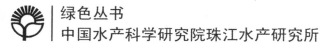

绿色丛书

中国水产科学研究院珠江水产研究所

南方淡水养殖实用技术

陈永乐　朱新平　黄樟翰　吴锐全◎编著

南方日报出版社

NANFANG DAILY PRESS

中国·广州

图书在版编目（CIP）数据

南方淡水养殖实用技术／陈永乐等编著. —广州：南方日报出版社，2000（2013.7重印）

（绿色丛书）

ISBN 978 - 7 - 80652 - 116 - 8

Ⅰ. 南… Ⅱ. 陈… Ⅲ. 淡水养殖 Ⅳ. S964

中国版本图书馆 CIP 数据核字（2000）第 36623 号

南方淡水养殖实用技术　　　　　　　　　　　　陈永乐等／编著

出版发行：南方日报出版社

地　　址：广州市广州大道中 289 号

电　　话：（020）83000502

经　　销：全国新华书店

印　　刷：广州市怡升印刷有限公司

开　　本：850 mm×1168 mm　32 开

印　　张：5.5

字　　数：163 千字

版　　次：2002 年 1 月第 1 版

印　　次：2013 年 7 月第 2 次

定　　价：20.00 元

投稿热线：（020）83000503　　读者热线：（020）83000502

网址：http://www. nfdailypress. com/

发现印装质量问题，影响阅读，请与承印厂联系调换

目　　录

上篇　养殖各论

上篇　养殖各论

第一章　淡水养殖技术要点

第一节　"八字精养法"

根据文字记载，我国已有 3 000 多年的养鱼历史，是世界上养鱼最早的国家之一。劳动人民在长期的生产实践中积累了丰富的经验，新中国成立后，水产科技工作者在总结群众先进经验的基础上，把淡水养殖综合技术措施总结为"水、种、饵、密、混、轮、防、管"八个字，又称"八字精养法"。

"水"是养鱼的环境条件，包括水源、水质、池塘面积、水深、土质、周围环境等，这些条件必须适合鱼类生活和生长的要求；"种"是鱼种，要有数量充足、规格合适、体质健壮、符合养殖要求的优良鱼种；"饵"是饲料，要供应养殖鱼类充足、适口、营养全面平衡的饲料，包括施肥培养池塘中的天然饵料生物；"密"是合理密养，鱼种放养的密度既较高又合理；"混"是合理混养，不同食性、不同栖息水层、不同规格的鱼类在同一水体中混养，以充分利用水体空间和饵料；"轮"是轮捕轮放，使产品均衡上市，并使池塘鱼类在饲养过程中始终保持较合理的密度；"防"是做好鱼类病害的防治工作；"管"是日常饲养管理要精心科学。

在"八字精养法"中，水、种、饵是基础，密、混、轮是措施，防、管是关键，它们互相依赖，互相制约，缺一不可。随着生产和科学技术的发展，"八字精养法"的内容也不断得到充实。实践证明，凡是根据当地具体条件，灵活运用"八字精养法"综合技术措施进行养鱼就能获得高产。

第二节　池塘及水环境条件

水是鱼类生活和生长的环境，因此水质的好坏直接影响到养殖鱼类的生存、生长和产量。对于池塘养鱼来说，主要的水质指标包括水温、溶氧、pH 值、总碱度、总硬度、氮化合物、磷酸盐、浮游生物等。

一、水温

鱼类是变温动物，其体温随着水温的变化而变化。水温的高低不但会影响到鱼类的摄食、生长和饲料功效，而且还威胁到鱼类的生存。不同鱼类有不同的生存适温范围，如果超出了适温范围，鱼类就会死亡。而且，鱼类对水温急剧变化的适应能力相当有限，即使在适温范围内，水温急剧变化超过 3～5 ℃也会引起鱼类死亡，这在鱼苗、鱼种运输时要特别注意。只有在生长适温范围内，鱼类才能够正常地摄食、生长。目前养殖比较普遍的大多数属于温水性鱼类，其生长的最适温度是 25～32 ℃。水温除了直接影响鱼类外，还会通过影响其他水质因子而间接影响到鱼类。例如，水温高时，水中溶解氧的饱和度反而低，但此时鱼类代谢旺盛，耗氧率高，因此高温季节容易造成缺氧死鱼。

二、溶氧

溶氧是氧气溶解在水中的量，它不仅是鱼类赖以生存的首要条件，而且溶氧的高低还影响到鱼类的摄食、生长和饲料转化。溶氧不足时，鱼类摄食减少，饲料转化率低，生长减慢。不同鱼类对溶氧的需求不一样，有耐低氧的，如罗非鱼、胡子鲶、鲫鱼等，有不耐低氧的，如加州鲈、鳜鱼等。养鱼池塘的溶氧应保持在 5 毫克/升以上，最好不要低于 3 毫克/升。水中的溶氧状况可通过加注新水和开动增氧机来改善，开增氧机的适宜时间是清晨和晴天的中午。清晨是一天中溶氧水平最低的时候，开增氧机的目的主要是增加水中的溶氧；晴天的中午由于浮游植物的光合作用，上层水的溶氧往往出现过饱和现象，这时开动增氧机主要是改善水中溶氧的分布状况。但不要误以为只有鱼类出现"浮头"时池塘才缺氧，才需要开增氧机。其实鱼类未出现"浮头"时，缺氧问题可能已经存在，出现"浮头"表明缺氧问题已经非常严重。

三、pH 值

pH 值即水的酸碱度，pH7 为中性，7 以上为碱性，7 以下为酸性。一般养殖鱼类都适宜在 pH7.0 ~ 8.5 的中性到弱碱性水中生活。在酸性水中，鱼类不爱活动，新陈代谢低落，摄食量少，消化率低，生长受到抑制，酸性水还会使鱼类血液的 pH 值下降，降低载氧能力。当 pH 值低于 4 和高于 10.2 时，鱼类会死亡。pH 值不但直接影响到鱼类的生存和生长，还影响到其他水质因子，特别是影响到水中氨和铵离子的平衡，从而对鱼类产生不同的毒性。

四、总碱度、总硬度

总碱度是指水中碳酸氢根和碳酸根等弱酸离子的量，而总硬度是指钙、镁等碱土金属离子的量。总碱度和总硬度过高和过低都会对鱼类产生不良影响，尤其影响受精卵的孵化。碳酸氢根和碳酸根处在二氧化碳的平衡系统中，对 pH 值的变化起缓冲作用。对于池塘养殖来说，100 ~ 150 毫克/升碳酸氢钙当量的总碱度和总硬度是比较合适的，如果池水的总碱度和总硬度过低，可通过施用石灰加以改良。

五、氮化合物

水中氮的主要来源是投入到池塘中的饲料和肥料，它们主要以铵盐、亚硝酸盐和硝酸盐三种形式存在，可作为浮游植物的肥料。其中的亚硝酸盐是不稳定的中间产物，对鱼类有毒性。铵和剧毒的氨可相互转化，两者的相互比例主要取决于 pH 值和水温。在水温 25 ℃时，pH 值从 9 上升到 9.5，氨占总铵的比例从 33% 上升到 61%，所以当 pH 值在 9 以上时，要注意氨对鱼类的危害。

减少淤泥沉积、改善池塘底层溶氧状况有利于氨和亚硝酸转化为无毒的硝酸盐。

六、磷酸盐

磷酸盐是浮游植物生长繁殖所必需的营养盐，其来源主要是投入到池塘中的饲料和肥料。在投喂的饲料中，真正转化为鱼产品被收获的只占少部分，大部分变成肥料残留在水中。一些养殖水平较高的池塘，饲料的投放量相当大，因此水质会变得过肥，浮游生物大量繁殖，很容易造成缺氧死鱼。要除去水中过量的磷，可换水或施用硫酸钙。

七、浮游生物

浮游生物是池塘中的一类微小生物，包括浮游植物和浮游动物。它们不但是养殖鱼类的天然饵料，而且是池塘中氧气的主要生产者和消费者，与池塘养鱼关系非常密切。在培育鱼苗时要培养大量适口的浮游动物作为鱼苗的开口饲料。但浮游动物繁殖过剩会引起氧气问题，尤其是对于鳗鱼、鳜鱼等名贵鱼类养殖，浮游动物密度过大会影响鱼类的摄食，必须用专用杀虫剂加以控制。

养鱼要获得高产，需要有好的水质，而池塘条件的优劣直接影响到水质的好坏。理想的池塘应地处水源充足、水质良好、排灌便利、交通方便的地方，面积 5~10 亩，水深 2~2.5 米，底质最好是具有良好的保水保肥能力的壤土，沙壤土次之，沙质土最差，池塘形状最好为东西向的长方形，长宽比为 2:1。

第三节　鱼　种

鱼种是养鱼的物质基础，优质的鱼种生长快，成活率高，是获得高产的前提条件。养鱼生产对鱼种的要求是数量充足、规格合适、种类齐全、体质健壮、无伤无病。鉴别鱼种是否优质可从几方面判断。从外形看，要求体形好、体色鲜艳有光泽、鳞片和鳍条完好、无损伤、无寄生虫病或其他病状；从体质看，要求背宽腹厚、肌肉丰满、游泳活泼；从规格看，要求大小均匀、规格一致。

目前池塘养殖的对象很多，有传统的品种，如草鱼、鳙、鲮；有从国外引进的品种，如罗非鱼、加州鲈、罗氏沼虾；还有鳗鱼、甲鱼、鳜鱼等名贵品种。大多数养殖对象都是纯种，但有一些是利用传统或现代育种技术培育出来的杂交种，如丰鲤、建鲤、奥尼鱼等。杂交品种主要是利用子一代的杂交优势，用子一代作亲本繁殖的第二代，优良性状会发生分离，生产性能将大受影响，所以杂交品种一般只利用子一代。

鱼种最好能提早放养，以利鱼种提早开食，延长生长期。春天是放养鱼种的最佳季节，这时水温较低，鱼的活动能力弱，在捕捞、放养操作中不易受伤；夏天气温太高，鱼的活动能力强，耗氧率高，会增加鱼种运输的难度；冬天气温太低，虽然鱼的活动能力弱，但一旦受伤，容易感染水霉等各种疾病。鱼种下塘前最好先用药物浸洗消毒，以杀灭体表的寄生虫和细菌，有些鱼种（如草鱼）还可以注射防病疫苗。

第四节　混　养

混养是指在同一池塘中同时养殖不同品种的鱼类。多品种混养是提高池塘养鱼产量的重要措施之一，也是我国池塘养鱼一个突出的技术特点。

一、混养的科学依据和意义

1. 全面合理地利用水体中天然饵料

池塘中存在着丰富的天然饵料，包括浮游植物、浮游动物、底栖动物、水生高等植物、底栖藻类、有机碎屑等几大类。把浮游生物食性的鲢和鳙鱼、草食性的草鱼和鳊鱼、底栖动物食性的鲤和青鱼以及底栖藻类、有机碎屑食性的鲮、鲫鱼混养在一起，可充分合理地利用池塘中的天然饵料。

2. 全面地利用水体空间

不同的鱼类生活在不同的水层中。把生活在上层的鲢、鳙鱼，生活在中下层的草鱼、鳊鱼，以及生活在底层的鲮、鲤、鲫混养在一起，可全面地利用水体空间，在不增加局部分布密度的前提下，增大了整个水体内鱼的贮存量。

3. 发挥养殖鱼类之间的互利作用

把草鱼、罗非鱼等"吃食性鱼类"和鲢、鳙等"滤食性鱼类"混养在一起，"吃食性鱼类"的残饵和粪便及其所增殖的浮游生物是"滤食性鱼类"的良好饵料，而"滤食性鱼类"的滤食作用净化了水质，为"吃食性鱼类"创造了良好的生长环境；同时混养鲮、鲫等"杂食性鱼类"可清除池底的腐殖质；混养斑鳢、鲶鱼等凶猛鱼类可控制野杂鱼类。

4. 提高人工饲料的利用率

人工饲料在投喂过程中不可避免地会有小颗粒散落在水中，混养不同食性的鱼类可使人工饲料得到更充分的利用。

5. 提高经营管理水平

混养既可提高鱼产量，又可在同一池塘中生产多种食用鱼，从而能在不同季节收获不同的品种供应市场，以满足消费者的需求。

二、确定主养鱼和配养鱼

高产池塘混养的鱼类品种通常有 10 种之多，应确定主养鱼和配养鱼的养殖密度和规格，其主要依据是池塘的环境条件、鱼种的来源和饲料的供应等。如水质肥沃、天然饵料丰富、肥料容易解决的池塘，适宜主养鲢、鳙等"滤食性鱼类"；而水质清新、排灌方便、饲料容易解决的池塘，适宜主养草鱼、罗非鱼等"吃食性鱼类"。一般来说，池塘的单产越高，"吃食性鱼类"所占的比例就越大。据统计，亩产 500 公斤的池塘，"吃食性鱼类"和"滤食性鱼类"的比例为 5.3∶4.7；亩产 1 000 公斤的池塘，"吃食性鱼类"和"滤食性鱼类"的比例为 6.3∶3.7。

第五节　密　养

一、确定合理密养的依据

合理的放养密度应当是在保证养殖鱼类达到食用规格及质量

的前提下，能够获得最高鱼产量的密度，即既不浪费水体的生产力，又不抑制鱼类的生长。如果放养密度过小，虽然鱼类的生长速度较快，但不能充分利用池塘水体和饵料资源，单产水平也不高；如果密度过大，虽然单产可能有所提高，但会使鱼类的生长速度下降，降低饵料报酬，而且养成的商品鱼规格过小，影响经济价值。密度过大还会使水质恶化，使鱼病发生的可能性增大，甚至造成缺氧死鱼。

鱼类的放养密度受池塘条件、水源、水质、饵料、混养品种以及饲养管理水平等多种因素的制约。在养鱼生产中，要努力改善池塘生态环境，创造最佳的生产条件，提高饲养管理水平，以提高放养密度，实现高产、优质、高效。

二、常规养殖品种的合理放养密度

各种鱼类的合理放养密度主要受池塘单产水平及混养类型的影响。对于一般的高产池塘来说，每亩可放养二到三种规格的鲮鱼种 2 000 尾左右，在养殖期间重量保持在 100 公斤左右，不能超过 200 公斤；鳙鱼一年可放种三至五次，每次每亩可放养半斤的鳙鱼种 40～60 尾，养殖期间重量不超过 60 公斤；鲢鱼一年可放种二到三次，每次放养四两的鲢鱼种 20～30 尾，养殖期间重量不超过 30 公斤；每亩还可放养鲫鱼 200 尾，鲤、鳊鱼各 30～50 尾。至于草鱼、罗非鱼等"吃食性鱼类"的放养密度主要受池塘溶氧及饵料水平的制约，在可换水、配备增氧机、饵料充足的条件下，可适当加大放养密度，每亩可放养二到三种规格的草鱼 300～500 尾、罗非鱼 1 000～1 500 尾。

第六节　轮捕轮放

轮捕轮放是在一个养殖周期内多次收获的养殖体制，即在一次放足鱼种的基础上，根据鱼类的生长情况，到一定时间起捕一部分达到上市规格的鱼，并适当补放鱼种，以保持合理的放养密度。

一、轮捕轮放的科学依据

由于鱼类在养殖过程中是不断增长的，所以所谓合理的放养密度只能是相对的、暂时的，养殖周期越长，鱼类处在合理密度下的相对时间就越短。轮捕轮放就是当池塘鱼类的密度达到或接近饱和时，通过捕捞收获及时调整存塘鱼的密度，使之不抑制鱼类的生长。增加轮捕轮放的次数，可使池塘经常保持比较合理的养殖密度。轮捕轮放与混养密放是互为条件的，混养密放是轮捕轮放的前提，轮捕轮放则进一步发挥混养密放的增产作用。

轮捕轮放的时间主要集中在夏、秋季，这时水温较高，鱼类生长快，如不及时通过轮捕调整养殖密度，将会因密度过大影响鱼类的生长，从而影响到鱼产量的提高。过去轮捕的对象主要是鲢、鳙鱼，后来扩大到草鱼、鲮鱼等品种。一年中轮捕的次数，主要取决于养殖的品种和饲养管理水平，一般鳙鱼每年可轮捕四至六次。

二、轮捕轮放的形式

根据养殖品种的不同，轮捕轮放主要有以下三种形式：

大、小规格套养，一次放养，多次收获　采取这种形式的主要是草鱼和鲮鱼，一般同时放养二至三种不同的规格，分批起捕达到商品规格的鱼，使池塘保持合理的存鱼量。

放养同一规格，多次放养，多次收获　采取这种形式的主要是鲢、鳙鱼，每次放养和捕捞的鱼数基本保持一致，使存鱼量在一定范围内上下波动。一年鳙鱼轮捕轮放四至六次，鲢鱼二至三次。

放养同一规格，一次放养，多次收获　采取这种形式的主要是罗非鱼、鲤、鲫、鳊等品种，一般只放养一次，及时起捕达到商品规格的个体，大部分在年底清塘时上市。

第七节　饵　料

饵料是养鱼的物质基础，其主要成分是蛋白质、脂肪、碳水化合物、维生素和无机盐等五大营养要素。饵料的作用主要有两方面，一是提供鱼类生长所必需的蛋白质等营养物质，二是提供鱼类生命活动过程中所需要的能量。

一、饵料的种类和营养

养殖鱼类的饵料包括养殖水体中的天然饵料和人工投喂的饲料。池塘中的天然饵料主要是浮游生物，它们不但具有较高的蛋白质含量，而且其氨基酸的组成也比较接近鱼类的需求，维生素和无机盐的含量也比较丰富，是鱼类的优质饲料。浮游生物可以通过施肥进行增殖。人工饲料包括没有经过加工的简单饲料和根据养殖鱼类的摄食习性、生长阶段和营养需求而配制加工的配合饲料。简单饲料营养成分不全面，营养成分的配比不合理，尤其缺乏鱼类生长所必需的维生素、矿物质等微量营养素，所以营养价值不高。科学合理的配合饲料营养全面平衡，能满足鱼类对各种营养物质的需求，既能使鱼类快速生长，保持健壮的体质，又能提高饲料的利用率，增加鱼产量，是理想的饲料。

不同的养殖水平和养殖类型应该选择不同的饲料。对池塘养鱼来说，如果养殖密度和养殖水平不高，天然饵料在养殖鱼类的营养需求中起重要的作用，可基本满足养殖鱼类对维生素和矿物质等微量营养素的需求，因此只需在施肥增殖天然饵料的基础上，补充投喂简单饲料，就能满足养殖鱼类的营养需求；但对于养殖密度高的高产池塘，养殖鱼类获得天然饵料的机会很少，天然饵料的营养作用已经不重要，这时鱼类不但缺乏蛋白质和能量，还缺乏维生素和矿物质，投喂简单饲料的效果就不理想，应该投喂配合饲料。对于高密度、集约化养殖的网箱养鱼和流水养鱼，投喂高质量的配合饲料是必需的。

二、饲料投喂

为了提高饲料的利用率，减少浪费，投喂饲料应该做到"四定"。

定时　每天投饲的时间应相对固定，使鱼类养成按时进食的习惯。如果一天投饲二次，一般在上午9～10时和下午3～4时投喂，如果一天投饲一次，应在下午3～4时投喂，因为这时溶氧量高，有利于鱼类的摄食和饲料的消化吸收。

定量　每天投饲应做到适量、均匀，避免使鱼饥饱失常，影响鱼类对饲料的消化吸收和生长。在鱼类生长的适温季节，一般日投饲率为鱼体重的 2% ~ 5%，原则上是鱼的个体越大，投饲率越低，但每天实际的投饲量应根据天气、水质及鱼的吃食情况灵活掌握。

定质　投喂的饲料要新鲜、适口，营养指标尽可能满足养殖鱼类的营养需求，不使用腐败变质的饲料。

定位　投饲的地点要固定，最好同时给予诱食信号，使鱼类集中进食，有利于摄食均匀，也便于检查鱼类摄食情况、清除残饲和进行食场消毒。

第八节　病害防治

鱼病的发生是鱼体、环境条件和病原体之间失去平衡所产生的现象，是三方面因素综合作用的结果。当鱼类的体质差、抗病能力弱和环境条件恶劣时，有病原体的存在就有可能发生鱼病。一般来说，下列情况容易使鱼得病：鱼种质量不好，体质差、受伤或已带病菌；水源水质不好；饲料质量不佳，营养或新鲜度达不到要求；放养密度过大、管理不善、水质恶化等。

对池塘养鱼来说，由于水体大，发病初期不易察觉，一旦发现，病情已经不轻，且通常摄食量大减甚至停食，给用药造成困难，往往难以达到理想的治疗效果。因此，鱼病防治要坚持"预防为主，防重于治"的方针，采取"无病先防，有病早治"的积极方法，尽量避免或减少因发病而带来的损失。比较行之有效的预防措施主要是：

彻底清塘消毒，改善环境条件　经常清除塘底淤泥，换注新水。放种前要用石灰、漂白粉进行池塘消毒，每亩每米水深用生石灰 125 ~ 150 公斤、漂白粉 25 公斤，加水全池泼洒。

放养优质鱼种，进行鱼体消毒　应选择体质健壮、鳞片完整、无损伤、不带病原体的优质鱼种放养，放养前可用药液浸洗，方法是每立方米（吨）水加入 20 公斤食盐或 20 克高锰酸钾或 10 克土霉素或 5 克孔雀石绿溶解后浸洗鱼种 10～30 分钟。

给鱼种注射疫苗　比较成熟的有草鱼"三大病"(烂鳃、肠炎、赤皮)疫苗以及草鱼出血病疫苗,现在还推出了鳜鱼病疫苗和甲鱼病疫苗等。

投喂药物饲料　定期(一般每 10～15 天为一个疗程)给鱼类投喂药物饲料,以防止鱼病的发生。

进行饲料、食场和渔具的消毒　青饲料投喂前应先用水洗干净,再用漂白粉水浸泡 30 分钟;在食场周围或进水口挂上几小袋硫酸铜和漂白粉;对发病池塘用过的渔具,要用漂白粉、硫酸铜等药液浸洗消毒,再经日晒。

第九节　日常管理

对于鱼类养殖来说,能否使鱼长得好,获得稳产高产,在很大程度上取决于日常的管理工作。"增产措施千条线,通过管理一根针"是十分形象的比喻。日常管理的主要内容是:

巡塘,观察鱼类活动情况　每天坚持早、午、晚巡塘。清晨巡塘要注意观察鱼类的浮头和活动情况,如果黎明前有轻微的浮头属正常现象,日出后由于浮游植物的光合作用产生氧气,浮头现象会很快消失;午后巡塘要注意观察鱼类的吃食和活动情况,决定当天下午的投饲量;黄昏前后巡塘着重观察鱼类的摄食情况,是否有残饵和浮头预兆等。在酷暑季节,要注意天气突变引起的水质变化和浮头,及时发现问题及早处理。

投饲和施肥　在鱼类养殖期间,要给鱼类提供足量适口、营养的饲料,以满足鱼类生长过程中对各种营养物质的需求。应根据养殖的品种和养殖水平,进行施肥、投喂简单饲料或投喂高质量的配合饲料等相应措施。

清除残饵杂物　在鱼类生长季节,由于施肥或投饲,使池塘中积存一定的残饵和杂物,会导致水质变坏,影响鱼类生长,应经常清除池塘中的残饵杂物,以免水质变坏。

加强水质管理　高产池塘由于鱼类养殖密度高,需要投喂大量的饲料，所产生的残饵和粪便在分解过程中需要消耗大量氧气，容易造成缺氧死鱼。要通过加注新水或使用增氧机，以提高水中的溶氧量，保持水质清新。酸雨也是影响水质的一个不可忽视的问题，近年来酸雨问题越来越大，已影响到池塘水的 pH 值和鱼类的健康。施用石灰可提高池塘水的 pH 值以及总碱度和总硬度，提高池水对 pH 值的缓冲能力，并具有澄清水质的作用。

防止"泛池" "泛池"是指由于天气等原因引起上下水层急速对流，使水中溶氧量迅速降低，导致鱼类缺氧浮头并大量死亡的现象。"泛池"多发生在夏秋间碰到"南撞北"（即白天吹南风，气温很高，到晚间突然转北风，气温骤降）或"白撞雨"（即白天太阳光很强，温度高，傍晚突然下雷阵雨）的时候，由于气温的骤降或温度较低的雨水的进入，使表层水温度急剧下降、比重增大而下沉，而下层水则因温度高、比重小而上升，引起上、下水层急速对流，上层溶氧量高的水转到下层，使下层水溶氧量暂时升高，但很快被还原性物质所消耗，下层缺氧的水转到上层后溶氧得不到及时补充。结果使整个池塘的溶氧量迅速降低，引起鱼类缺氧浮头。预防"泛池"的发生，应清除池底过多的腐殖质，发生严重浮头时应立即采取增氧措施，包括加注新水、开增氧机、使用化学增氧剂等，还可用黄泥、明矾、石膏粉等加水全池泼洒，以沉淀水中悬浮的有机物，减少溶氧消耗。

防止"水反" "水反"主要发生在春夏之间。浮游动物由于水温适合而大量繁殖，并消耗大量浮游植物，使池塘中浮游动物和浮游植物的比例严重失衡，破坏了池塘中溶氧的供需平衡，导致严重缺氧。解救的措施包括及时加注新水或开动增氧机，并用药物杀死过多的浮游动物，多放鳙鱼摄食浮游动物，以及施肥繁殖浮游植物等。

建立"塘头档案" 记录各种鱼类放养和收获的时间、规格、尾数和重量；记录投饲、施肥的种类、时间和重量；记录注换水、开增氧机及水质变化情况；记录鱼类浮头、发病及用药的情况等。以便进行分析养殖效果，总结养殖经验，提高养鱼技术水平。

第十节　健康养殖模式

养殖模式包括养殖品种搭配、放养密度、投入产出水平以及养鱼和其他生产方式的结合等方面，是影响养殖效果和环境生态效益的关键技术。许多现行的水产养殖模式片面追求眼前的养殖产量和经济效益，忽略了对养殖环境和自然环境的保护，忽略了养殖业的可持续发展，在养殖品种搭配上不够合理，养殖生产方式单一。结果非但达不到所追求的高产高效（即使能达到也只是眼前的短期行为），反而造成了养殖环境的恶化；不但影响了养殖产量和经济效益，同时还对自然环境带来不良的影响。

可持续的健康养殖模式应当是养殖品种搭配合理，投入和产量水平适中，养鱼和种植业、畜禽养殖业有机地结合在一起，通过养殖系统内部废弃物的循环再利用，达到对各种资源的最佳利用，最大限度地减少养殖过程中废弃物的产生，在取得理想的养殖效果和经济效益的同时，达到最佳的环境生态效益。在我国传统综合养鱼的基础上，进一步优化养殖结构和模式，形成适合各种自然环境条件和经济特点的可持续发展的健康养殖模式。实行健康养殖模式要求以下几方面的技术配套：

1. 优良的养殖设施

我国现行的鱼池水质控制功能差，在养殖过程中难以对池水进行有效的调控，池水水质逐渐变差，严重影响了养殖的效果。养殖过程结束后，含有大量废弃物和各种营养盐类的池水大多直接排入天然水体，对自然环境产生不良的影响。这种现行的鱼池结构已不能适应健康养殖和可持续发展的要求，必须对其进行改造。新型的养殖设施除了具有提供鱼类生长空间和基本的进、排水功能外，还应具有较强的水质调控和净化功能，使养殖用水能够内部循环使用。这样的养殖设施不但能极大地改善养殖效果，而且能减少对水资源的消耗和对环境造成不良的影响。

2. 优质高效的饲料和投喂技术

饲料是水产养殖最重要的投入，饲料质量的好坏及投喂技术是否合理，是影响养殖效果和环境生态效益的最重要因素之一。如果饲料质量低下，不但影响鱼类的生长和养殖效果，同时产生大量的废弃物，养殖环境恶化。因此，使用优质高效的饲料和合理的投饲技术是实行健康养殖的重要条件。

3. 健康管理和病害控制技术

在养殖生产过程中，采取合理的水质管理和调控技术，尽可能给养殖动物维持良好的生长环境，减少病害发生的可能性；把病害生态防治概念引入到水产养殖中，通过维持水体的微生态平衡来消除某些病害发生的环境条件；推广使用针对性强、低毒、无残留、无公害鱼药，如中草药制剂等，以减少鱼药残留对水体生态环境和人类健康带来的威胁。

4. 抗病、抗逆性强的养殖品种

养殖具有较强的抗病害及抵御不良环境能力的品种，不但能减少病害发生的机会，降低养殖风险，提高养殖效益，同时可避免大量用药对水体环境可能造成的危害及对人类健康的影响。

第二章　鲟鱼的养殖

鲟鳇鱼类是一种大型经济鱼类，俗称鲟鱼、鲟龙，是鱼类中较古老的种群，距今已有 1.5 亿年的历史。中华鲟更是我国一级保护水生野生动物。

现今世上共有鲟鱼 27 种。其中我国有 8 种，即栖息在黑龙江水系的史氏鲟和达氏鳇；栖息在长江水系的中华鲟、白鲟和达氏鲟；新疆地区的裸腹鲟、小体鲟和西伯利亚鲟。珠江水系也分布有中华鲟，其形态特征和生活习性与长江水系的有差异，人们常称其为西江中华鲟，现已极少见。

随着鲟鱼养殖业的发展，世界各国越来越重视开发利用本国的鲟鱼资源，并积极引进适合本国养殖的优良鲟鱼种或杂交种。近年来，我国先后从美国引入匙吻鲟；从俄罗斯引入俄罗斯鲟、西伯利亚鲟以及杂交鲟，如欧洲鳇（母）和小体鲟（公）的杂交种等。现开发养殖的种类除引进品种外，还有中华鲟、史氏鲟和达氏鳇及其杂交种。

鲟鱼养殖原基本集中在北方地区，由于其养殖成本低，成活率高，利润大，引发了人们养殖的积极性，养殖区域逐步南移。目前已发展到广东的深圳、珠海、中山、新会、顺德、三水等地。

这里介绍的基本上以史氏鲟为主。

第一节　经济价值

随着经济的发展，鲟鱼越来越受到人们的重视和喜爱，尤其鲟鱼具有个体大、生长快、可塑性强、易驯化，抗病力强、肉质好等特点，将成为我国水产养殖业的一个重要组成部分，对提高水产养殖的社会效益及经济效益有着重大意义。

一、食用价值和经济价值

鲟鱼的高质、高价主要体现在其食用价值上。鲟鱼为软骨硬鳞鱼类，肉厚骨软，营养丰富，味道鲜美，可用于冻生鱼片、红烧、烧烤、熏制等，最引人垂涎的是利用鲟鱼卵子加工而成的含高蛋白、矿物质和多种维生素的黑褐色透明、圆粒状的鱼籽酱，在餐桌上属上等佳肴，堪称食品中的极品，在国际市场售价高达800美元/公斤。我国出口价格200~300美元/公斤。鲟鱼的吻、胃、肠及鱼筋同是上等佳肴，经常出现在国宴上。皮可制胶，同时也是高档皮革原料。除鱼鳃外，鲟鱼全身都是宝。

二、观赏价值

鲟鱼形态独特，具有很高的观赏价值。体呈圆锥形，身披五行骨板并带有尖棘，犹如铠甲。观之有一种幽深、古朴、别致的感觉。鲟鱼游动如梭，下沉如潜艇，人们形象地称之为水中的巡洋舰、潜水艇，现在东南亚、台湾、香港等地均将其视为上等观赏鱼类。

第二节　生物学特性

一、形态特征

史氏鲟体细长呈纺锤形，裸露无鳞，被有 5 行大的菱形骨板，幼鱼骨板带有尖棘。口下位，呈梅花瓣状，伸出呈管状。有比较发达的吻突，呈三角形或矛形，吻腹面口前有须 2 对，排成横列，吻腹面的前方有 7 粒突起。眼小，背鳍位于体后部，接近尾鳍，歪形尾，尾鳍上叶发达。身体背部棕灰色或褐色，幼鱼黑色或浅灰色，腹部均为白色。

二、生活习性

1．分布与洄游

史氏鲟主要分布于黑龙江干流，在近 3 000 公里的整个干流水域中均有栖息。在乌苏里江已数量稀少，松花江和嫩江已绝迹。史氏鲟性温驯，喜在沙砾底质的江段中觅食，在水体底层游动。史氏鲟冬季游集在深水区越冬，越冬期亦甚活跃。史氏鲟成体很少进入浅水区，幼鱼在春季河流解冻后进入浅水水域索饵。

史氏鲟可分二个类群：洄游性类群栖息在河口处育肥，生殖季节上溯约 500 公里产卵；在黑龙江上游和中游干流分布的史氏鲟多为定栖性种类。

2．适温性

鲟鱼属亚冷水性鱼类，耐低温，生存温度 0.2 ~ 33 ℃，生长最适水温 22 ~ 26 ℃。在水温达到 4 ℃时即开始摄食，水温达到 16 ℃时摄食旺盛；当水温超过 31 ℃时，食欲减退。

3．生理特性

对酸碱度的要求　在 48 小时内，鲟鱼晚期仔鱼对 pH 值的忍耐上限和下限分别为 9.25 和 3.60，立刻致死的 pH 值分别为 2.09 ~ 2.50 和 10.10 ~ 10.00。致死的 pH 值分别在 9.25 ~ 9.50 和 3.32 ~ 3.60。pH 值低于 3.60 或高于 9.25，并随偏离这两个值高低的不同，在不同程度上对史氏鲟的存活造成影响。在自然养殖水体中，随着 pH 值的降低，重金属离子的毒性也随之增大。

一般认为 pH 值 6.5~9.0 能充分保护淡水鱼类,因此养殖鲟鱼水体的 pH 值应限制在 6.5~9.0 之间。

对非离子氨的要求 非离子氨是指溶解于水体中的分子态氨(NH_3),也有人称之为"游离氨"。水体 pH 值和温度决定着非离子氨在总氮中所占的比例。非离子氨对鱼类等水生生物有较强的毒性,其毒性表现在降低水生生物的成活率和活力等。研究表明:史氏鲟对非离子氨的敏感性高于一般淡水鱼类,其晚期仔鱼的 96 小时半致死浓度为 0.17 毫克/升,24 小时的致死 pH 值在 0.45~0.58 之间。有专家建议,史氏鲟育苗水体中的非离子氨浓度不能高于 0.017 毫克/升。该浓度低于我国渔业水质标准规定的 0.04 毫克/升。

对溶解铁的要求 当水中总铁含量为 5 毫克/升时,48 小时内便造成史氏鲟鱼早期仔鱼有 50% 的死亡率,到 96 小时其死亡率达 100%。24 小时半致死浓度为 6.78 毫克/升。实际上,铁本身对鱼类的毒性不大,但当有铁离子被氧化而沉淀时,沉淀的氧化铁对史氏鲟仔鱼的鳃造成影响导致死亡。在一些地下水中,有较高的含铁量,在利用地下水进行史氏鲟的养殖时,应注意水体中总铁的浓度不得高于 1 毫克/升,溶解铁的浓度不得高于 0.5 毫克/升。

4. 食性

鲟鱼为肉食性鱼类,以水生昆虫幼体、底栖动物、虾类及小型鱼类(鮈类、鳈等)为食,也有食两栖类的情况。幼鱼的食物则以浮游动物、底栖动物及水生昆虫幼体为主。

在人工养殖条件下,鲟鱼可摄食人工配合饲料。有关史氏鲟鱼用饲料的营养成分配比及不同发育阶段的配方,有关研究部门正在研制中。有人认为史氏鲟幼鱼饲料蛋白含量应在 40% 左右,粗脂肪含量 8%~10%。目前,在广东养殖鲟鱼者,基本都是使用成鳗饲料,蛋白含量 40%~44%;或成鳗料添加下杂鱼。

5. 生长

史氏鲟具有个体大、生长快、寿命长等特点。在自然水体中,1 龄鱼全长 33 厘米,体重 0.5 公斤;2~3 龄鱼全长 55 厘米,体重 0.9 公斤。捕获到的最大个体在 300 公斤以上。

在人工养殖条件下，因各地养殖条件和管理水平的不同，其生长速度也有所差异。在史氏鲟的原产地黑龙江，在水温保持 13 ℃的条件下，进行生产性养殖，用配合饲料投喂，1 周年平均体重达 280 克，最大个体 730 克。在山东济南，同样用配合饲料饲养 9.4 克的幼鱼，水源为自流井水，周年水温 18 ℃，养殖效果较前理想，一周年平均体重达 615 克，平均日增重 1.66 克，最大个体 1 040 克；2 周年平均体重 2 500 克，最大个体 4 000 克。在福建省，养殖 10 厘米左右幼鱼，6 个月后平均体重达 507 克，日均增重 2.8 克。笔者将 500 克左右的史氏鲟放养到池塘饲养 5 个月，结果净增重 550 克，平均日增重 3.67 克。可见，史氏鲟似有随着养殖区域的南移平均日增重量亦随之增加的趋势，水温是影响其生长速度的关键。当然，南方养殖史氏鲟要注意在夏季采取降温措施，尽量缩短其"夏眠"期。

6. 繁殖特性

史氏鲟寿命很长，性成熟晚，黑龙江水域中的史氏鲟雌鱼要 9 ~ 13 年，雄鱼要 6 ~ 7 年，生殖周期 2 ~ 4 年。每年 5—6 月份，当水温达 17 ℃时，性成熟的亲鱼洄游到有沙砾底质的河流产卵，卵子具黏性，卵径 2.5 ~ 3.5 毫米。史氏鲟怀卵量为 51 ~ 280 万粒。1 克重的卵平均 44 粒。在 17 ~ 23 ℃水温下，受精卵经 72 ~ 120 小时孵化出仔鱼。刚孵出的仔鱼全长 1 厘米左右，带有大卵黄囊，不能平衡运动，在水中作不停的垂直游动。

第三节　人工繁殖

史氏鲟人工繁殖始于 1957 年。水产科技人员在黑龙江萝北江段捕到成熟亲鱼，注射鲟鳇鱼的脑垂体，首次获得成熟的史氏鲟鱼卵并孵化出 2 万尾鱼苗。1979 年又对鲟鱼资源生物学基础状况进行了调查分析，为史氏鲟人工繁殖进一步提供了理论依据。自 80 年代以来，史氏鲟的人工繁殖技术更加完善，获得大量鱼苗，在 1994 年史氏鲟活体取卵手术获得成功，使重复使用长寿、一生多次产卵的鲟亲鱼成为可能。

一、鲟亲鱼来源与选择

目前，在人工养殖条件下，仍未能培育出性成熟的史氏鲟亲鱼。进行人工繁殖的亲鱼均来自天然水域。每逢产卵季节，人们在其产卵场用流网捕捞性成熟的亲鱼进行人工催产。

性成熟的鲟亲鱼无明显的婚姻色、珠星等副性征，但雌鱼个体大，腹部膨大，腹壁较薄且柔软，富有弹性，腹线凹陷呈沟状，外观隐约可见卵巢的轮廓；而雄鱼个体较小，都能挤出精液。据反映，捕到的史氏鲟亲鱼雌鱼全长 102 ~ 182 厘米，体重 7.5 ~ 43 公斤，年龄为 15 ~ 35 龄，怀卵量为 10.2 ~ 44 万粒；雄鱼长 130 ~ 150 厘米，体重 11 ~ 18 公斤，年龄为 14 ~ 24 龄。

二、人工催产

捕到的鲟亲鱼经短暂蓄养后可进行人工催产。催产药物可用促黄体激素释放激素类似物（LRH—A），雌鱼注射剂量为每公斤 40 ~ 100 微克，胸鳍基部注射，一次或二次注射均可。雄鱼剂量为雌鱼的 1/3，一次注射。在 20.5 ~ 21.5 ℃水温下，效应时间为 8 ~ 13 小时。一针注射的效应时间稍长些，雄鱼在注射后 4 ~ 6 小时即可采精。

三、授精与孵化

到了效应时间，即鲟亲鱼排卵时，即可剖开雌鱼腹部或在亲鱼腹部切开一个约 7 厘米的小口，将大部分成熟卵子取出，然后将切口缝合。手术后亲鱼放入鱼塘暂养 20 ~ 30 日，使伤口完全愈合，亲鱼存活下来，该手术称为"活体取卵"术。

取出的成熟卵子放入无水的白瓷盘中，加入精液，均匀搅拌五分钟，完成受精。

将受精卵倒入 20% ~ 30% 滑石粉溶液中，搅拌 20 ~ 30 分钟，使受精卵的黏性除去，再用清水洗卵 2 ~ 3 次，除去滑石粉等杂物。将受精卵置于筛网式孵化器中孵化，每台孵化器放卵 20 ~ 30 万粒，密度为 10 ~ 15 粒/厘米^2。当水温 18 ~ 22.5 ℃时，经 70 ~ 90 小时开始出膜，孵化率一般为 55% ~ 85%。

第四节　苗种培育

把 7 日龄左右、全长 1.6 ~ 2.1 厘米、开口摄食饵料的仔鱼培育成 5 厘米左右鱼苗的过程称为鱼苗培育，此过程历时 1 个月左右；再把 5 厘米鱼苗培育成 10 厘米或以上鱼种的过程称为鱼种培育。在鱼苗、鱼种培育过程中，要适时提供足量、适口的饵料和及时驯化其摄食配合饲料，合理分疏其培育密度，是提高鲟鱼苗培育成活率的关键。

一、鱼苗培育

1. 培育条件

培育池　较为理想的是圆形流水池，池壁要求光滑，规格以直径 2 ~ 3 米、水深 0.5 ~ 0.8 米为宜。池中央设排水口，由喷头在表面连续供水，并使水形成环流，流速不大于 0.1 米/秒。水池要求避强光，并保证水温 18 ~ 26 ℃，溶氧量不少于 5 毫克/升，pH 值 7 ~ 8。

如缺少上述条件者，也可以用一般的方形池，池面积 4 ~ 10 米² 为宜，水深 30 厘米左右。用增氧泵补充氧气，并每天视水质进行套换水。

水源与水质　鱼苗培育用水，可使用水库水、山溪水、江河水、地下水和自来水等，地下水和自来水要求经过充分曝气才能使用。表 1 是鲟鱼场用水的一些水化指标。

表 1　广东地区某些鲟鱼场用水的化学指标　（毫克/升）

指标＼水源	pH 值	总硬度	总碱度	有机耗氧量	氟化物	氨氮	铁	钙	镁	锰
水库水	7.5	14	21.9	1.7	0.048	0.27	0.105	3.2	1.4	0.05
山溪水	7.4	14	20.0	2.8		0.09	0.048			
地下水	6.1	24	34.1	0.43	0.096	0.39	0.020	5.6	2.4	0.03
江河水	7.5	112	107	2.6		0.39	0.296			

2. 放养密度

刚孵出的仔鱼全长约 1 厘米，个体小，活动能力较弱，所需营养来源于卵黄囊，对水质影响较小，所以初始的放养密度可大些。但随着鱼体的长大，活动力增强，投喂量的增大以及残饵和粪便的污染愈来愈严重，其密度也应随之不断地调整。具体见表 2。

表 2 史氏鲟鱼苗培育放养参考密度

日龄	放养密度 （尾/米²）
1~7	2 000~3 000
8~15	800~1 000
16~30	300~500

3. 饵料投喂

史氏鲟仔鱼初始的营养来自卵黄，此时叫内源营养期。随着卵黄的被吸收，卵黄囊越来越小，到一定时间，史氏鲟仔鱼口已开，也开始有胎粪排出，卵黄囊吸收剩 1/3 时，开始摄食外界小型生物，此时叫混合营养期。待卵黄完全吸收完毕，其营养便完全依赖外界饵料，此时叫外源营养期。

在史氏鲟仔鱼的混合营养期就要及时投喂适口的饵料。仔鱼的开口饵料种类有丰年虫无节幼体、鲜活水蚤和水蚯蚓等。

在相同的条件（200 尾/米²，23.8~30.2 ℃）下，不同的饵料种类对鲟鱼苗的成活率和增重率各有不同影响。在仔鱼初次开口摄食阶段将水蚯蚓剪成 1 毫米左右的小段投喂，随着仔鱼的生长，逐渐投喂较长的小段。当仔鱼长至 0.5 克左右时开始投喂整条水蚯蚓。在培育 35 天后，仔鱼的成活率达 82.5%，平均体重达 2.48 克；投喂丰年虫无节幼体或浮游动物的结果分别是成活率 95% 与 82.5%，平均体重 0.94 克与 0.72 克；投喂人工配合饲料的粒径为 0.5 毫米，成活率仅有 7.5%，平均体重 0.18 克；如果在开始摄食 10 天内投喂丰年虫无节幼体，10 天后开始混合投喂人工配合饲料，其成活率达 85.0%，平均体重 2.53 克。此外，以"混合投喂"和投喂水蚯蚓的仔鱼个体差异最小。

4. 影响鲟鱼苗成活率的主要因素

开口问题 要适时开口，在混合营养阶段，适时投喂适口的开口饵料是提高鱼苗成活率的关键。此时的鱼苗为被动摄食，要求水中保证一定的饵料密度，投喂方式以少量多次为宜。如果此时鱼苗不能从外界摄取到食物，很快会进入饥饿期，饥饿期持续一定的时间便达到"生态死亡"或"不可逆点"，到那时即使有再好的食物也不能挽救仔鱼的死亡。

饵料的适口性和可得性 饵料颗粒的大小是决定饵料能否被仔鱼所喜爱的主要特征之一。史氏鲟仔鱼的口裂较小，约1.8毫米，一般要求饵料颗粒大小应小于口裂的1/2以上，即应小于0.9毫米。仔鱼在开口摄食后12天内，投喂丰年虫无节幼体的体重瞬时生长率和成活率最高，分别是15.55%和100%。这是因为丰年虫无节幼体的个体小，游泳能力弱，很适合初次开口的仔鱼捕食，而池塘的浮游动物由于种类组成较为复杂，个体大小差异较大，游泳能力和速度远高于丰年虫无节幼体，因而摄食浮游动物的仔鱼体重瞬时生长率和成活率只是8.34%和87.5%。这完全是饵料的适口性和可得性所决定的。

此外，对于人工配合饲料而言，还应从其营养性方面考虑，因为仔鱼对于开口饵料的营养尤其是与消化有关的物质有特殊的需求。

食物驯化的时机 史氏鲟是以摄食底栖动物为主的肉食性鱼类，进行商业性规模化的养殖，使用人工饲料是必需的。这就要进行食物驯化，何时进行食物驯化才能获得较高驯化率和成活率？驯化时期太晚，会形成一定数量的"食性顽固者"最终难以驯化摄食人工饲料；驯化开始太早，目前史氏鲟人工饲料技术仍未成熟，容易造成高死亡率。一般认为，用活饵喂至20~30日龄，再开始用人工配合饲料驯化效果比较好。同时，应循序渐进，每天适量增加人工饲料的比例，切莫一步到位。

水质问题 鲟鱼苗对水的pH值及水中的有效氯、铁离子、氨态氮极为敏感，这些指标过高可造成鲟鱼苗的批量死亡，尤其氨态氮更是如此。在培苗过程中，应特别注意这些理化因子的变化。

疾病的预防 鲟鱼苗的抗病能力相对较低，要及时预防，定期消毒，防止病虫害的发生。例如，用活饵料投喂前，先用抗菌素浸泡饵料一段时间，再洗净才能投喂。

二、鱼种培育

鲟鱼苗经一个月左右的培育，全长已达 5 厘米左右，此时鲟鱼苗食欲旺盛，活动能力强，对水环境的变化有一定抗御能力，但现时放养到池塘养殖还稍嫌小一些。培育至 10 厘米左右或以上，养殖成活率会较理想。另外，如果在前阶段鱼苗还未驯化摄食人工配合饲料的，在这一阶段要抓紧驯化。

1．培育池

一般的水泥池即可，圆形、具微流水条件的更好。面积 10 ~ 50 米^2，水深 0.4 ~ 0.8 米。用增氧泵增氧，用水要求同鱼苗培育阶段。

2．放养密度

此时鲟鱼苗个体较大，活动力强，具底栖性，主要活动区域在池底，偶尔游至水面或池边。放养密度应疏些，为 80 ~ 200 尾/米^2。

3．饲料配制和投喂

饲料配制 史氏鲟是肉食性鱼类，对饲料蛋白量要求较高，约 40% 左右。随鲟鱼不同发育阶段要求有所增减。如稚鱼阶段可高至 50% 左右，到成鱼阶段可减至 36% 左右。具体见表 3。

表 3 鲟鱼各期饲料的蛋白含量及粒度

生长阶段	粗蛋白含量（%）	粒度（微米）	投喂次数（次/天）
仔鱼期	54	< 200	8
稚鱼期	40 ~ 50	200 ~ 450	6
幼鱼期	37	70 ~ 1 100	6
成鱼期	32 ~ 36	> 2 毫米	3 ~ 4

一个较理想的配合饲料产品，除注重粗蛋白含量外，还要考虑粗脂肪、粗灰分等的百分比组成，务求造成各种营养成分丰富与均衡。有人建议史氏鲟种苗培育的人工饲料配比为：粗蛋白46%，粗脂肪7.5%，粗灰分26%，粗纤维0.54%，能量4.5千卡/公斤。表4是某些鲟鱼幼鱼饲料的组成。

表4　饲料配比表　　　　（%）

原料编号	鱼粉	酵母	水蛋白干粉	面粉	蛋白冻粉	猪肝	油脂	甜茶碱	胆碱	多维	添加剂	水分	粗蛋白	粗脂肪
1	34	40	15	10	8	10	6.5	0.5	0.45	0.55	80 ppm	12.70	46.19	10.65
2	40	14	10	5	8	15	6.5	0.5	0.45	0.55	80 ppm	11.45	50.52	12.55

研究指出，以平均全长9.35厘米、体重2.79克的鲟鱼苗为试验对象，用粗蛋白含量35.05%～44.45%的5种饲料饲养35天，其中以38.18%和39.13%蛋白含量的两种饲料效果较好。

人工饲料配制有以下几个程序：

A. 制订饲料配方：根据史氏鲟不同发育阶段的营养需求，制订合适营养成分配比。

B. 选购原料：按照配方购买新鲜、质优、价格适宜的原料。易腐原料还需冷藏保鲜。

C. 粉碎原料：颗粒大的原料首先要经过粉碎才能使用。

D. 原料分别过筛：经粉碎后的原料需分别过筛备用。

E. 配料预混：按配方称量各种所需原料（包括多种维生素和矿物质）混合，多次预混均匀备用。

F. 造粒：用饲料机或绞肉机造粒，粒径为4毫米。

G. 晾晒：造粒后的湿料经晾晒干燥保存。

H. 破碎：将直径4毫米的干料破碎成多角形的小颗粒。

I. 过筛：将破碎后的小颗粒过筛，筛出所需规格的颗粒料分别投喂。

饲料投喂　对于初始驯化摄食人工饲料的鲟鱼，可发现部分幼鱼张口吞咬，继而吐出，反复几次才开始摄食，部分幼鱼在人工饲料附近游来游去，逐渐接近人工颗粒饲料。经过1～2天时

间的驯化，也逐渐开始摄食，到第 3、4 天大部分幼鱼开始摄食
人工颗粒饲料，但还有个别幼鱼需要长一些时间的驯化。因此投
喂人工饲料时，应坚持先少后多，少量多次投喂的原则，即使是
在前阶段已驯化摄食人工饲料的幼鱼也应如此。每天投喂 4 ~ 6
次，投喂量为鱼体重的 5% ~ 10%。

第五节　成鱼养殖

将 10 厘米或以上的史氏鲟养至商品规格（1 公斤以上）的过
程叫做成鱼养殖。在此阶段全部投喂人工配合饲料，间或添加一
些动物性蛋白如鱼肉。可以在水泥池、池塘、网箱、小山塘、水
库等大小水体中养殖。

一、水泥池养殖

1. 场址选择

水泥池养殖鲟鱼主要以流水方式养殖，所以一定要选择在有
水源的地方。水源可以是水库水、地下水或江河水，尤以前三者
为好。其流量要满足所拟定的生产规模需求。水质参见前述，且
无污染。同时还应考虑交通便利、电源等因素。

2. 水泥池结构与建造

鲟鱼养殖池大一些为宜，一般在 80 ~ 100 米^2，形状可是圆
形、正方形、长方形或多角形，具体视场地而定，以圆形池为
佳。池中央设排水口，进水口可设在池面，一或多个均可，与池
壁成一定的锐角，使水流成为环流，利于残饵、粪便排出，提高
自净能力。排水管口径应等于或稍大于进水管口径。方形池的可
在其四内角形成切角，减少水流的阻力以形成环流。

池高 1.8 米左右，保证水深不少于 1.5 米。池底用钢筋混凝
土浇注，呈锅底状，池壁用砖、水泥沙浆砌成，以防发生地陷、
开裂甚至倒塌等现象。池内壁用水泥沙浆抹平且光滑。池上方搭
遮光棚，其高度以方便操作为宜。

3. 放养与密度

鲟鱼全身仅有五列骨板，身体其他部分没有鳞片保护，全身

骨骼均为软骨，较易受伤，无论是捕捉或运输均要小心操作。放养前用1%～3%食盐水溶液浸浴5～10分钟。

放养密度视养殖条件而定。放养量可参考表5。

表5 鲟鱼放养参考量

全长（厘米）	体重（克）	放养量（尾/米²）
25～30	50～80	15～20
38～50	230～500	5～10
55～70	800～1800	2～5

4. 饲料与投喂

目前广东鲟鱼养殖场除使用鲟鱼饲料外，还有许多人使用成鳗饲料，其主要成分见表6。

表6 一些鳗鱼饲料的主要成分 %

编号 \ 成分含量	蛋白	脂肪	纤维	灰分	总磷	钙	盐酸不溶物	水分
1	>44.0	>3.0	<1.2	<18.0	>1.5	>4.6	<2.0	<10.0
2	≥45.0	≥3.0	≤1.0	≤18.0	≥1.5	≥4.8		≤10.0

有人在养殖前期于1号料中添加2%鱼肝油和1%鱼肝粉；也有人用2号料配成鳗料11：鱼粉3：鱼肉2后投喂，无论是成鳗料或在成鳗料中添加其他饲料，其效果均较理想。投喂方式有别于鳗鱼养殖，其做法是：将鳗料（或加其他料）加适量水搅匀，用小型绞肉机压成0.5～0.6厘米直径饲料条，再用刀切成0.5～1厘米长的颗粒后投喂或晒干备用。喂前先用水泡软饲料颗粒表面。

日投喂量占鱼体重的3%～5%。每天分4次投喂，其中中午的投喂量略少，而午夜时则稍多。饲料可直接撒在池的一侧，每次的量不宜太多，少量多次，或几个池子循环投喂，以30分钟摄食完为宜。

5．日常管理

观察鲟鱼活动　当投喂饲料时鲟鱼很快地朝投饲点群集，这一现象随着个体的增大而日益明显，这正是观察鲟鱼的好时刻。要留心观察及掌握鲟鱼的吃食和生长情况。如发现食欲骤减、活动力下降甚至在原地摆动，应及时从水质、气候、饲料或鲟鱼体健康等方面找出原因，采取相应对策，同时要注意观察鱼体表色泽和鳍条等有无异常，及时发现病害。

水质管理　相对而言，鲟鱼的耗氧量比一般家鱼高，任何一个养殖阶段，都要把水质管理作为重要内容。一般地，养鲟池内保持流水状态，溶氧量较高，通常不会出现缺氧浮头现象。但遇到天气闷热、气压低、阴雨或久雨转晴，水中出现溶氧减少的现象，就要加倍小心，密切注视鲟鱼的动态，必要时可加大流量甚至增设增氧机。

由于养殖鲟鱼的水比较清，透明度大，池壁容易长有青泥苔而变成藏污纳垢的地方。有此现象时，应及时洗刷干净。

排污要根据天气、养殖密度、投喂来决定，一般可在上午投喂完 1～2 小时后开始排污。

分疏　随着养殖期的延长，鲟鱼个体日益长大，养殖密度也增大。到一定时候，要适时将鱼分疏，降低养殖密度。在过池时注意将规格大小接近的个体放在同一个池。

二、网箱养殖

1．网箱的设置和放养

网箱养殖鲟鱼，可在江河、水库等水域设置，水质要求清新，无生活污水和工业污染。网箱规格一般为 3×3×2.5 米，放养密度视水质环境和管理水平而定，一般可略大于水泥池的养殖密度。

2．饲料台设置和投喂

由于鲟鱼口下位，它一般等饲料沉至池底才摄食，这样饲料就会很容易在箱底流失，故加设饲料台为好。饲料台大小可占网箱 1/3 的面积，并且在四周加高 3 厘米左右的围网。投喂的饵料直接投入到饲料台中去。其他同水泥池养殖。

3. 日常管理

日常管理主要是洗刷和检修网箱、防浮头、防病和防逃等。

网箱因长期浸泡在水中，常着生海绵、青泥苔等，日积月累会堵塞网眼，严重时会妨碍箱体内外水的交换。因此必须定期洗刷网箱。一般 20~30 天洗刷一次。洗刷时用一个备用网箱装鱼以替换需要洗刷的网箱，洗刷干净后再换洗下一个。定期检修网箱以防逃鱼。

三、池塘养殖

池塘养殖可视各自条件，结合实际进行鲟鱼的单养或混养。

（一）单养

1. 池塘条件

单养鲟鱼的池塘要求水质清新、靠近水源、排灌方便、无污染。池塘面积不宜太大，10 亩以下为宜，以便管理。池塘水深1.8 米以上。池底平坦，淤泥少，沙质底更好。

2. 放养

放养的鲟鱼种在 10 厘米以上为好，且经驯化摄食人工配合饲料。放养密度在 400~500 尾/米² 之间，并随鱼体的长大适时分疏。在放养鲟鱼种前，池塘要按常规方法彻底消毒，杀灭各类敌害生物及病原体，以减少养殖期间病害的发生次数。同时，每亩配养适量鲢、鳙鱼以调节水质。

3. 饲料与投喂

饲料质量及制作与水泥池养殖的大同小异。投喂方式可设饲料台或不设，投喂一定要坚持四定：定时、定量、定质、定位。

4. 日常管理

养殖鲟鱼对水质的要求比养四大家鱼高，主要表现在鲟鱼喜水质清新的水环境，溶氧量要求高。据测定，在 25 ℃条件下，8~17 克左右的鲟鱼的窒息点为 2.1 毫克/升左右。因此要注意加水换水，保持水质良好。池塘还要安装增氧机，经常开机增氧防止鲟鱼缺氧死亡。同时，要求透明度保持在 30 厘米以上。透明度太低会影响鲟鱼觅食，也容易引起水质恶化，最好每隔一段时间施放一次生石灰，调节 pH 值。

当水温升至 31 ℃以上时，会影响鲟鱼的食欲，可在水面或池塘四周种植一些遮荫植物或在池底挖 1×1 米的深沟让鲟鱼避暑。

（二）混养

鲟鱼不能在四大家鱼等耗氧量要求较低的品种主养塘内混养，只能混养于水质清新，溶氧量高，主养鳗鱼、长吻鮠和鳜鱼等的池塘。放养量每亩 20～30 尾，规格宜大一些。

四、山塘、水库养殖

山塘、水库水体大，水深，水质良好，透明度大，溶氧量高，底层水温低且稳定，十分适宜鲟鱼养殖。放养到这些大水面的鲟鱼主要摄食天然生物饵料，不必经过驯化就可直接放养。但考虑到这些水体内一般都有敌害鱼类如生鱼、鳡鱼等生存，所以放养规格应大些，最小也应在 20 厘米以上。

第六节　病害防治

鲟鱼具有适应性强、可塑性大、抗病能力强等特点，一般极少发生病虫害。但还需坚持预防为主、防重于治的方针，做好预防工作，防患于未然。如出现鱼病，则应积极想办法对症治疗。

一、预防措施

1. 严格清塘消毒

最好在冬季把池塘水排干，让太阳曝晒池底，并将池底平整，挖去过多淤泥，清除杂物，经曝晒 10～15 天使土壤疏松后，即可用药物清塘。清塘药物有生石灰、漂白粉和茶麸等，可单独使用或混合使用，尤以后一种方式效果更好。水泥池和网箱则用高浓度的高锰酸钾溶液泼洒或浸泡，再洗净后才可使用。

2. 保持水质清新

鲟鱼喜欢清新水质，不耐低氧。要求鲟鱼塘水源充足，排藻方便，水质良好，溶氧丰富，有一个良好的水体环境让鲟鱼栖息并健康生长。必要时，定期施用生石灰，既调节水质，又杀死水中一些致病细菌；配备增氧机以防不测。

3. 防止鲟鱼损伤

鲟鱼为软骨鱼类且只有极少鳞片护体，操作不慎时容易损伤，从而感染细菌。在放种、过池时尽量带水操作，减少受伤的机会。

二、主要病害

1. 气泡病

气泡病是一种由水质变化而引起的非寄生性病。病鱼腹部膨大，表皮黏液增加，有黏滑感，部分鱼皮下伴有少量出血。经解剖观察，胃中有大量气体，肠中亦有泡沫状气泡。病鱼发病前摄食正常，发病初期摄食尚可，但已不像正常鱼那样平贴底部摄食，而是尾部向上倾斜，活动开始受限制。病情严重时，仔鱼下沉困难，难以从池底摄取饵料，常沿池壁在水体上层游动，最终腹部朝上浮于水面，数日后死亡。病鱼发病特征是胃中气体不断增多，而使胃呈进行性膨胀，病情随之加重。

气泡病多在鱼苗期发生，病因是水中氧和氮的过饱和。当水体中各种气体含量处于正常值时，一旦水温迅速升高，会大大提高氧、氮的饱和度，尤其以氮的饱和度增加最快，危害最为严重。

防治方法：

采用循环水过滤装置养鱼时，应经常更换清洗过滤器。

用循环水养鱼时，应保证氧量充足。

无论循环水或流水养鱼，应以注排水的方式注水，以防止水中氧、氮的过饱和。

2. 肝性脑病

患病鱼体色、体表正常，无明显病征，偶有头部前端和吻部的腹面表皮脱落，背面粉红。肝脏紫色、褐色、灰色，肝糜烂，肝组织颗粒变性由轻到重、空泡化，脂肪变性和水样变性、坏死，并表现出脑组织病变与肝病变的依赖性，只有肝病变后方有脑病变发生。胆囊及其他脏器正常，肠内无食物，肠壁正常。

该病发生集中在体重 15～25 克、全长 15～20 厘米的转食阶段。患病初期病鱼有跳跃、乱窜等极度兴奋行为，散游，独游，食量减少；后期处于昏迷、昏睡状态，停食，不日陆续死亡。

防治方法：

合理投饲，顺利转食，应研制全价鲟鱼配合饲料，并采取正确的投饲方法，做好从天然的动物性饵料到人工配合饲料的转化工作，可有效预防鲟鱼肝性脑病。

禁止饲用肝损害物质。合理用药，避免药源性肝损害以及肝病；合理使用添加剂和饲料原粮，避免肝中毒和脂质代谢紊乱；合理添加维生素 E 和胆碱，有利于肝功能恢复，但维生素 E 添加过量会导致性早熟，还有损害作用。

使用保肝、健脾、解毒等功效的中药复合制剂，提高鲟鱼的非特异性免疫水平，可有效防治肝病及肝性脑病。

使用对肝损害较小的抗生素，如新霉素、卡那霉素、万古霉素等治疗细菌性疾病。饲料中添加乳果糖或乳梨醇对史氏鲟肝性脑病有治疗作用。

3. 车轮虫病

病原体为车轮虫。病鱼体无光泽，消瘦不堪，游动迟滞，肠道无食，镜检发现在体表和鳃上有大量车轮虫寄生。主要发生在养殖幼鲟的静水池塘。

防治方法：

将病鱼用5%盐水浸浴 1 小时左右，转流水池中饲养，病情可以好转而痊愈。

此外，在体重 150 克以前要预防由气单胞菌引起的出血病发生。每隔 5～10 天用二氧化氯、呋喃唑酮等抗菌素消毒，并在饲料中定期添加抗菌药物以及一些提高抗病能力的添加剂如维生素 C、维生素 E 等。幼鱼长至 150 克后，疾病逐步减少。

第三章　鳗鲡的养殖

鳗鲡养殖在世界上已有 100 多年的历史。日本是世界上最早进行鳗鲡人工养殖的国家，1880 年便开始建池养鳗。日本人工养鳗大规模发展是在 1950 年以后，1957 年开始进行人工配合饵料的研究，1965 年人工配合饵料开始在生产上应用。20 世纪 70 年代中后期，采用了加温法培育白苗及鳗种，使其成活率得以进一步提高，生产周期大大缩短。

我国台湾省于 20 世纪 50 年代初进行人工养殖鳗鲡，60 年代末开始使用人工配合饵料。70 年代，我国的浙江、上海、江苏等地进行大规模的人工养鳗；80 年代，福建进行大规模人工养殖鳗鲡；80 年代末，广东东部沿海地区进行大规模人工养殖鳗鲡。这些地区的养鳗技术均引自日本及台湾省。80 年代末至 90 年代初，珠江三角洲利用土池养殖鳗鲡获得成功，到目前为止，土池养鳗面积已发展到 8 000 多公顷，年产鳗鲡 4 万多吨。

第一节　经济价值

鳗鱼是我国淡水养殖中主要出口品种，在饲料、种苗培育、食用鱼养殖、产品加工等方面，技术均属世界先进水平，也是我国淡水养殖众多品种中产业化程度较高的品种。全国鳗鱼年产量达 10 万多吨，占世界鳗鱼年产量的 1/3，年创汇 6～8 亿美元，占世界鳗鱼贸易额的 80% 以上。在亚洲，鳗鱼的主要消费国为日本、韩国、中国（包括台湾省）。日本是鳗鱼的主要消费国。鳗鱼是日本人的传统食品，每年有食鳗节。日本人视鳗鱼为补品，认为它能健身强体，故每年均从海外进口大量鳗鱼，供国内市场所需。

鳗鱼养殖业为我国创造大量外汇，90 年代中期以前，鳗鱼养殖业是整个淡水养殖业中利润最高的产业，因此发展迅速。因鳗鱼基本上是出口产品，易受国际经济大气候的影响，市场容量与外汇汇价直接影响到养殖者的利益，只有不断开拓新的市场，才能使鳗鱼养殖业保持健康的发展。

第二节　生物学特性

日本鳗鲡广泛分布于我国沿海或与海水相通的淡水水域，花鳗鲡主要分布在我国海南省及广东省一带。目前，我国人工饲养对象为日本鳗鲡，花鳗鲡还处于人工试养阶段。

1. 形态特征

鳗鲡又称白鳝，通常称河鳗或鳗鱼。身体呈蛇形，前部近圆筒状，尾部稍侧扁；体长为体高的 16～20 倍，体色为灰色，无斑纹；背部颜色较深，为深灰色；腹部较浅，近白色；还有少数鳗鲡为暗褐色或略带黄色，通常称作茶色鳗。鳗鲡的体色与水质、饲养环境有关，在黑暗、缺氧的环境条件下体色变深。其体形特征是与其长期钻泥潜居的生活方式相适应的。鳗鲡的皮肤由表皮和真皮组成。鳞片埋于表皮内，小而细长，排列极似编织的芦席，从外观看好像没有鳞片。表皮分泌黏液，为一种胶状物，能澄清水中污物；同时，黏液也是的一种天然的防病屏障，如黏液分泌殆尽，鳗鲡就无法抵抗病菌入侵，也无法生存。

鳗鲡身体的两侧中线各有一条闪光的点线，称侧线。侧线对声音和压力很敏感，是声音和压力的感受器。

2. 生活习性

鳗鲡属于降河性洄游鱼类，在淡水中不能繁殖，性腺也不能完全发育成熟。在每年秋天，即将成熟的鳗鲡由淡水降河进入大海，在洄游过程中，生殖腺逐渐成熟，体色变为蓝黑色，体侧有一层金黄色的光泽，胸鳍的基部变成金黄色，表现所谓的婚姻色。鳗鲡是一次性产卵鱼类，一尾雌鳗一次产卵 700～1 300 万粒，产卵后的成鳗不久即死亡。受精卵孵化后，成为叶状幼体，因海流作用自产卵场漂向边岸，并在海底变态成白苗，潜藏在河口附近沿岸的岩砾、泥土、树枝、海藻等阴暗处，等待溯河。当江河水温达到 8～10 ℃ 时，才开始溯河。在我国沿海，自南向北，在每年 11 月至次年 5 月，是白仔鳗溯河的季节。鳗抵达目的地水沟、河流、湖泊、港湾等地后，白天潜在石缝、洞、泥中，夜晚出来捕食。鳗鲡的天然饵料，在白仔阶段为水蚤、红虫，长至黑仔后，逐渐以小鱼、虾、贝类、动物尸体等为食物，水温降至 15 ℃ 以下时，食欲减少；降至 10 ℃ 便停止摄食。随水温升高，食欲也增加，但 28 ℃ 以上时，温度升高，食欲反而下降。

第三节　水泥池养鳗

水泥池养鳗在我国主要分布在广东省东部沿海地区及福建、江苏、浙江沿海地区。水泥池养鳗产量占我国成鳗出口量的大部分。由于鳗鲡池有排污功能且换水量大，所以产量较高。一些鱼池用温泉微流水方法饲养，年产量达 150 吨/公顷以上。

一、鱼池建造

养鳗池分四种类型，即一级池、二级池、三级池和食用鳗池。四种类型鱼池是基于鳗鲡各培育阶段的生长差异需要来设计的，各级鱼池面积及深度见表 7。

表 7　各级鳗池的面积和深度

类型	面积（米^2）	池深（厘米）	水深（厘米）
一级池	50～120	60～80	40～60
二级池	100～300	80～100	70～80
三级池	300～500	100～130	80～110
食用鳗池	400～800	130～150	110～130

鳗池平面为正方形切角（即八角形），以便养鳗池的污物能集中在池中央排走。池底呈锅底状，斜度为 1.5%～2.0%。一般一、二级池底部多为混凝土水泥结构，二级池在水泥混凝土上铺粗沙。三级及食用鳗池底部用黏土夯实后铺上 20 厘米厚的石渣，压平后铺一层卵石，再在卵石上铺一层 5～10 厘米砾石。

二、鳗种培育

1. 白仔鳗培育

从每公斤为 5 000～7 000 尾白仔鳗培育至每公斤 500 尾的过

程为白苗培育期。在整个培育期间，需要经历去盐、加温、驯食、分养等工序。

白苗放养　白苗投放前 1 天，先将消毒后的白苗池水加至 30 厘米水深，加入 0.3% ~0.5% 食盐，开动水车及气泵，使盐完全溶解。加盐的目的是杀菌消毒。白苗投放时，温差要在 2 ℃ 以内。如温差太大，则将白苗置于水面，待温差接近 2 ℃ 时才放苗，放苗密度以每平方米投苗 0.2 ~0.3 千克为宜。

去盐升温　在白苗投放 8 ~12 小时后可用一边慢慢加入新水、一边排水的方法淡化去盐。1 ~2 天后淡化好的鳗池用 3 ~5 ppm 的呋喃唑酮或 20 ppm 的福尔马林全池泼洒，并开始每天以 2 ~3 ℃ 的升温幅度升至 28 ℃ 时保持，以后日温差保持在 1 ℃ 以内。在升温期间，每天进行排污、换水。

驯食　当水温升至 28 ℃ 时，1 ~2 天后即可驯食。先将水蚯蚓（红虫）捣烂成汁，遍洒池中，让白苗嗅到气味，刺激白苗寻找食物并观察其反应是否敏感，如不敏感次日要重复一次。

白苗开食一般在傍晚进行。白苗开食后索饵比例越高，日后生长越整齐，生长也越快。在投喂前应停止水车运转，把饵料台放在池底，上方设诱食用电灯，以便让白苗前来吃食。投饵量为白苗体重的 15% ~20% 。等白苗摄食后开动水车，关闭诱食用电灯。白苗下池驯食具体做法见表 8。

在投白仔料 7 ~10 天后可逐步转投黑仔料。

表 8　白苗驯食安排表

日期（天）	项目	说明
1	开食水蚯蚓	1. 在投饵第 1、2 天将水蚯蚓切碎洒遍全池，第 2 天晚上投喂时开始减少投喂面积，逐日减至食台投喂
2	水蚯蚓	
3	水蚯蚓	
4	水蚯蚓	
5	水蚯蚓	

（续表）

6	水蚯蚓	2. 开食 5~6 天后注意防止鳗病发生，
7	水蚯蚓	每隔 2~3 天用 30 ppm 的福尔马林或
8	水蚯蚓	2~3 ppm 的呋喃唑酮全池遍洒，以
9	水蚯蚓加白仔料	防止鳗病发生
10	水蚯蚓加白仔料	3. 在 4~5 天时间内，逐步用白仔料代替水蚯蚓

分养　白苗经 25~30 天培育，增重很快，个体生长差异也很明显。个体小的已失去争食饵料的能力，不能上饵料台或很少上台摄饵；代谢产物、排泄物增加，此时应进行分疏养殖。

白苗细小嫩弱，容易受伤，不宜用选别器，一般用 3 毫米网目的筛网分选。具体方法是，先挂好饵料台，为了便于操作，饵料台离池堤远一点，水车要停止运转，然后投入已准备好的饵料引诱白苗，引诱用的饵料要比投喂的饵料硬度大一些，使白苗无法吞食而又不离开饵料台。这时两人手持筛网从饵料台对面（人不下池或赤足下池）将筛网放入水中慢慢靠近饵料台，迅速网住整个饵料台，连同饵料台一起把白苗围在网中。另两人配合将筛网沿池堤移开饵料台提出水面，集拢转入已准备好的网箱中暂养，然后采样、称重、计数，移入二级池养殖，继续投喂白仔粉。如此反复几次，大部分白苗可选别出来进行分养。

分养后留在池中的白苗继续投喂水蚯蚓和白仔料，虽然个体较小，但分养后培育池密度减小，体重仍可增加较快。为了加速生长，在饵料中加入 15%~20% 的鱼油、维生素 E（每千克饵料加 100 毫克）和维生素 C（饵料量的 1%）。

开食后经 30~50 天的培育后，要把培育池和二级池的鳗苗合并在一起全部选别一次，根据不同规格分池放养。

准备放养的鳗池要在 1 天前注满水，并开动水车进行搅水，将水温调至与分养池一致。

抄捕　仍按上述方法，反复进行，逐一转入准备好的网箱中暂养。抄捕后池中尚有未能捕取的，可在排水口收集。收集方法是把白苗收集袋接在排水口外侧的槽沟上，打开闸门，让鳗苗随水流进入收集袋，然后转入网箱中一起暂养。

这次分选仍用 3 毫米网目筛网。将筛网上面的白苗转入二级池继续养殖，将网下面的小规格白苗再次放回培育池培育，生长特别明显不好的所谓"落脚苗"重新用水蚯蚓驯养。

分养至每一池中的鳗苗均要采样、称重和计数。

2. 二、三级池培育

二、三级池有加温池也有露天池。二级池管理办法与一级池相似，三级池同成鳗池一样管理。放养密度及投饵见表9。

表9　二、三级池放养密度及投饵量

规格 （尾/千克）	放养密度 （千克/米^2）	饲养天数 （天）	饵料	
			种类	投饵率（%）
500~1 000	0.24~0.4	20~30	白仔料、黑仔料	8~10
200~500	0.4~0.8	20~30	黑仔鳗料	6~8
100~200	0.8~1.3	30~40	黑仔鳗料、幼鳗料	5~6
50~100	1.3~1.6	40~50	幼鳗料、成鳗料	4~5

三、食用鳗饲养

1. 确定放养密度

投放鳗种的密度依各种条件而定，主要与水源、换水量、技术条件有关。一般放养密度见表10。

表10　食用鳗放养密度

鳗种规格 （克/尾）	单位面积投放重量 （千克/米^2）	单位面积投放尾数 （万尾/从顷）
10~20	1~1.5	75~150
20~40	1.2~1.5	45~60
40~80	2~3.5	37.5~45
100	2.5~5	30~37.5

2. 水质管理

食用鳗池大多为露天池，水中 pH 值、溶解氧、氨氮、温度及浮游生物种群和数量变化都直接影响鳗鲡的摄食和生长。日常水质管理就是要使养鳗池水质符合鳗鲡正常摄食和生长的要求。成鳗池水质要求详见表 11。

表 11　成鳗池水质要求范围

项目	良好范围	不良
水温（℃）	20～30	
pH 值	8.0～9.0	7.3 以下或 9.8 以上
透明度（厘米）	20～25	
溶解氧（毫克/升）	7～10	5 以下或 12 以上
氨态氮（毫克/升）	0.2～1.0	3 以上
亚硝酸态氮（毫克/升）	0.02～0.1	0.1 以上

在食用鳗饲养期间，水质管理中最重要的是水质培养，主要是蓝藻类微囊藻的培养，使之在水中成为优势种，发挥遮荫、增氧和控制其他生物繁殖的作用。绿藻就没有这种作用，绿藻虽然也能遮荫、产生氧，但个体小，易被轮虫、水蚤捕食消化，不能控制其他浮游生物。

水质培养的方法是：将养鳗池清洗消毒后注入清水，然后施肥，每亩施尿素或硫酸铵 1～2 千克、过磷酸钙 0.5 千克，再引入微囊藻藻种。数日后水色逐渐变成淡绿色至蓝绿色。以后只要管理得当即可维持，水质培养的另一种方法是在清池消毒后，直接从微囊藻繁殖较好的老池中抽入旧水，再加入一部分新水，随即开动水车数天，水质很快就能培养出来。

微囊藻经过一段时间的生长繁殖，会因数量增多、密度增大、自身代谢产物的积累和营养耗尽而老化，严重时急剧枯死消失，随即在池中分解产生大量的硫化氢等有毒物，使池水变为褐色或白色，pH 值下降，浮游动物繁殖，这就是通称的"水变"。

"水变"对鳗鲡是极其有害的，因而要防止和克服。采取的主要措施有：①不断更新藻种。经常排出一部分微囊藻，保持池水的透明度，并注意从其他池中引人生长良好的藻种；②提高水的pH值。经常向池中施撒石灰，每次每亩 10～15 千克；③注意滤除和杀灭浮游动物。浮游动物较多时，施撒 0.3～0.4 ppm 的敌百虫进行杀灭。

3. 投饵

一般从 13 ℃开始投饵，随着水温的升高，鳗鲡摄食量增大，当水温在 30 ℃以上时，食欲又逐渐减少，投饵率与水温关系见表 12。

表 12　投饵率与水温关系

水温（℃）	13～14	15～16	17～18	19～21	22～25	26～28	29～31	32～33	34～35
投饵率（％）	0.5	1	1.5	2	2.5	3	2.5	2	0.5～1

投饵率与鳗鲡个体大小有关，随着个体增大，投饵率相对减少。例如：每千克鳗种有 50～100 尾，在 22 ℃水温时投饵率为 4%～5%，每千克有 30～50 尾，投饵率为 3%～4%，每千克有 12～25 尾的投饵率为 2%～3%，每千克有 10 尾的为 2%。投饵率还与天气、水质、鳗病等因素有关，实际操作时应根据鳗鲡摄食情况灵活掌握。

4. 换水排污

每天换水排污是保持鳗池良好水质的重要措施之一，一般每天排污 1～2 次，包括清扫池底。换水量每天为池水的 1/3～2/3 不等，视池水的浓淡及鳗鲡的密度而定。

第四节　土池养鳗

土池养鳗是珠江三角洲近年来发展起来的一种养鳗方法。较之水泥池养鳗，具有固定资产投资少、用水量少、总体成本低等优点，近年来发展迅猛。

一、池塘条件

土池养鳗要求水源充足、水质适合池塘渔业用水标准。单口池塘面积以 4～15 亩为宜（黑仔鳗饲养池为 4～8 亩），池塘水深为 1.2～2 米（养黑仔鳗时为 1.2～1.5 米，养成鳗时为 1.5～2 米）。

二、鳗鲡放养

1. 放养前的准备

清塘　鳗鲡放养前池塘必须进行清整，清塘药物主要用生石灰及漂白粉，用量视池塘淤泥厚度而定。新挖池塘一般每亩用生石灰 250 公斤加漂白粉 12.5 公斤。清塘时，先将塘水抽干，晒塘 15～25 天，然后将漂白粉及生石灰均匀撒布于池底后回水，同时检查池塘四周塘埂是否有漏洞。池塘回水后 10～15 天，即可试水放鱼。

机械设备配置　土池养鳗机械主要有抽水机、增氧机及备用发电机等。增氧机主要有叶轮式和水车式两种。鳗池水深在 1.8 米以上时，鱼池中央应安装一台 1.5 千瓦的叶轮式增氧机，以改善池塘底部氧气状况。增氧机一般每 3 亩设置 1 台。例如，一口面积 10 亩、水深 2 米的鳗池，增氧机应设 3 台，在池塘中央设置 1 台 1.5 千瓦的叶轮式增氧机，在两侧各设置 1 台 1.1 千瓦的水车式增氧机。如水深 1.5 米的，可设置 2～3 台水车式增氧机。土池养鳗进水一般用抽水机，排水主要靠自行溢出，如要大量换水，也可用抽水机排水。目前，主要使用轴流泵式抽水机，因其扬程低、流量大，3 千瓦轴流泵的流量为 160 米³/小时。在一些低扬程地方，选用轴流泵式抽水机较经济，发电机主要作为电网断电时，救急备用。

2. 放养密度的确定

在鳗鲡饲养过程中，密度的确定是一项最为重要的工作。只有确定池塘最佳载鱼量时，才能充分发挥池塘的生产潜力。所谓载鱼量，是指在不影响鳗鲡生长状况下单位面积的最大容量。按目前珠江三角洲土池养鳗的管理水平，在每年 5～11 月的食用鳗阶段，载鱼量为每亩 500～700 公斤。一些底泥较厚、面积为 4～8 亩的单口池塘，载鱼量为每亩 500 公斤左右；一些面积 10 亩以上、池塘淤泥较少或新挖的池塘，载鱼量每亩可提高到 700 公斤。

鳗鲡的放养密度，与鱼苗规格、单口池塘面积大小、水质有关。就载鱼量而言，商品鱼池为 500～700 公斤/亩，但是由于不同规格鳗鲡摄食量、新陈代谢等因素的影响．规格越小，单位面积载鱼量也应该越少。按目前珠江三角洲土池养鳗的管理水平，采用不同规格鳗鲡的载鱼量见表 13。

表 13　不同规格鳗鲡载鱼量

规格（尾/公斤）	700～800	100	25～35	7～10	1.5～3
载鱼量（公斤/公顷）	1 500～2 250	3 000～4 500	5 000～6 500	6 500～7 500	7 500～10 500

分级饲养鳗鲡在饲养过程中，生长差异很大。在生产实践中，同一池塘饲养的鳗鲡，个体差异越大，饲养的经济效益越差。一些个体养殖户为了节约种苗成本，想将每公斤 100 尾的鳗种直接饲养至商品鳗（450 克/尾以上）上市，结果相当部分的鳗鲡达不到上市的要求，甚至变成体色发黄的老头苗，反而影响了饲养效果。因此，在土池养鳗中，分级饲养应引起足够重视（见表 14）。

表 14　鳗鲡分级饲养表

鱼池级别	放养规格（尾/公斤）	出池规格（尾/公斤）	放养尾数（万尾/公顷）	饲养天数（天）	备注
1	700～800	100	37.50～54.00	25	体重 100 尾/公斤分池，余下继续饲养
2	100	25～35	10.50～13.50	40	体重 25～35 尾/公斤公池，余下继续饲养
3	15～35	7～10	4.50～7.50	45	体重 7～10 尾/公斤公池，余下继续饲养
4	7～10	400 克/尾以上	2.25～3.45	150	上市

根据鳗鲕的生长特点，采用一次放足、不断分池的饲养方法，可取得很好的饲养效果。珠江水产研究所中试点 1991 年 5 月 12 日购进 800 尾／公斤的黑仔鳗 250 000 尾，按表 11 所列的分级饲养方法进行饲养，至 1991 年 10 月上市，剩下 100 克／尾以下不能上市的老头苗为 3 800 尾，老头苗占总苗数的比例在 1.5% 左右。而一些没有严格进行分级饲养的鱼场，老头苗所占比例在 7% ~ 15% 之间。

池塘配套　池塘配套是落实分级饲养方法的关键，也是目前集体及个体鳗鲕场获取经济效益的潜力所在。土池养鳗目前分黑仔鳗、幼鳗种、中鳗种、成鳗四个级别，池塘比例为 1∶1∶3∶5。以 150 亩的养鳗场为例，黑仔鳗饲养面积占 15 亩，饲养 25 ~ 30 天后将规格达到 100 尾／公斤的幼鳗种分池，幼鳗种池面积为 15 亩；饲养 40 天后，将规格达到 25 ~ 35 尾／公斤的中鳗种分池，所需面积为 45 亩；当中鳗种长至 7 ~ 10 尾／公斤规格时，作为大鳗种分池，在成鳗池直接饲养至 400 克／尾上市，成鳗池面积占总面积 50%，需 75 亩。上述的面积配套是指黑仔鳗在 4 ~ 5 月进苗后当年的面积比例。在年底至次年，由于不断分池，鳗鲕不断长大，最后整个面积都成为商品鱼池。在次年 1 月，鳗鲕可陆续上市，空出的池塘可转入次年的生产环节。

混养　在鳗鲕池中适当混养各种不同食性、不同栖息环境的优质鱼类，可改善池塘环境，充分利用池塘天然饵料资源及鳗鲕的残饵，提高单位面积利润。混养水平高的鳗鲕场每亩可增加 2 000 ~ 3 000 元的纯收入。目前，在鳗池中混养的品种有花鲢、白鲢、斑点叉尾鮰、胡子鲶、长吻鮠、太阳鱼、三角鲂或广东鲂、斑鳢、塘鳢等。

三、日常管理

土池养鳗的日常管理工作主要是水质管理，其主要内容包括绿藻种群的培养与保持，池水肥度、pH 值、溶解氧、透明度等因素的调节。

1. pH 值

鳗鲕池对池水 pH 值的要求，随不同季节有一定的差异。夏季是烂鳃病发生的主要季节，在 6～9 月，池塘的 pH 值应控制在 7.8～8.5 之间，以控制烂鳃病的流行。

2. 溶解氧

池塘水中的溶解氧应保持在 3 毫克/升以上。土池养鳗池塘溶解氧的变化规律与四大家鱼相同，其溶解氧调节除控制好载鱼量、透明度外，主要工作是改善池塘底部的氧气环境。在水深 2 米或 2 米以上的池塘，应在池中央配置叶轮式增氧机。在春末、夏初及秋季，水深应保持在 1.5～1.8 米，而不应太深，中午开动增氧机以保持池底有良好的氧气环境。

3. 透明度

在夏季由于鳗鲡代谢产物及水呼吸等因素的影响，换水量要求大一些，透明度在 25～35 厘米之间较为适宜。在冬季，则要求透明度在 20～25 厘米之间。

4. 温度

土池养鳗的池水温度调节虽然较难，但一些措施对调节水温是十分有效的。例如在炎热的夏季，利用池塘水中热分层原理，尽可能提高池塘水位，将开增氧机的时间提前到上午 9 时至下午 1 时，然后停机到傍晚时再开机，换水则尽可能在下半夜进行，下午的投喂时间改在 6 时半以后。这样鳗池水温尽管水体表层达到 36～37 ℃，但池塘底部水温却在 30～32 ℃，可提高鳗鲡的摄食量与生长速度。

5. 绿藻类的培养

土池养鳗需要培养的理想藻类是绿藻类，而不是微囊藻，这是水泥池与土池养鳗在水质管理上的最大区别之一。因为水泥池具有中央排污功能，且水浅，日换水量大（占总水体的 1/3～2/3），每亩池塘配有 3～4 台水车式增氧机昼夜不停地开；由于日换水量大及增氧机的作用，微囊藻不会老化。而土池养鳗池塘日换水量只有水泥池的 10%～20%，每 2 亩池塘只配 1 台增氧机，没有直接从池底排污的功能，如果池水中的浮游植物以微囊藻为主要种群，在强烈的光合作用下，微囊藻会形成水花充满水面，并很快老化、腐烂发臭，对鳗鲡的摄食和生长影响极大。因此，怎样使池水中的浮游植物种群以绿藻为主，使水呈"油绿"色，是土池养鳗日常管理的重要内容。

运用种群生态学及藻类生物学等原理，可制定控制鳗鲡池微囊藻适量繁殖的生产措施：

放养鳗鲡的池塘要适当混养以浮游生物为食的鱼类，如花鲢、白鲢。花鲢每亩放 40～60 尾（250 克/尾），白鲢每亩放养 15～30 尾（50 克/尾）。通过这些鱼类不停地摄食池塘中的浮游生物，而刺激其不断繁殖新藻体使之不易老化，同时不断注入新水及开动水车。

如池塘长满微囊藻，则应进行大换水，然后从其他池塘中引入绿藻，反复数次使池塘中的绿藻成为优势种群为止，同时注意在浮游动物太多时，应施放 0.3～0.5 ppm 的敌百虫进行杀灭，使水质保持稳定。

新挖池塘在清塘消毒后，注入新水，然后每亩施用复合肥 2～4公斤，再从其他池塘中引入藻种，数天后水便呈"油绿"色。如效果不太理想，可重复施肥 1 次并加施尿素每亩 3 公斤。饲养 1 年后的池塘，由于池底淤泥肥料的释放作用，可不用施化肥。

6. 换水

鳗池换水量视池水透明度、鳗鲡生长情况而定，如每日换水量太大，不但浪费资源，还会导致池水混浊，易产生鳗病。在秋季及春季，不一定每天换水，一般每 3～5 天换 1 次，每次换水 10%～20%。夏季可每天或隔天换 1 次水，因夏季炎热，最好选择下半夜加水，以减少池塘水温变化幅度，避免鳗鲡因环境变化太大产生应激性而拒食，引起疾病的发生，每次换水量均在 5%～10% 之间。

四、投饵

投饵的目的在于增加鳗鲡群体的产量，同时，尽可能降低饵料系数，因此应从提高鳗鲡摄食量及饵料转化率方面来制定投饵的技术措施。提高鳗鲡的摄食量必须从日常管理着手，尽可能地使池塘环境因素变化幅度降低。例如夏季天气炎热，投饵时间定在早上 6 时和下午 6 时以后，冬季投喂时间则安排在下午 2~3 时水温最暖的时候，这样会有利于鳗鲡摄食。

饵料系数是直接影响土池养鳗效果的主要因素之一，根据对广东省 20 多个鱼场的调查，使用同一种饵料的鱼场（在排除鳗种质量后）每吨商品鳗的饵料成本可相差 1 500 元以上，差距大的近 3 000 元。要获尽可能高的饵料报酬，应注意如下几点：

确定合理放养密度，保持池塘水中溶解氧在 3 毫克/升以上，特别要使池塘底部保持有充足的氧气；

在黑仔鳗及幼鳗阶段，投喂时应注意让鳗种有较长的时间摄食，使体弱瘦小的鳗种也能吃饱；

在投喂时坚持添加油脂并随水温的变化而增减；

做好防病工作，在病害流行季节前，定期在饵料中添加抗病药物。

第五节　鳗病防治

一、生态防治

鳗病的生态防治就是通过一定的措施，使池塘的生态系统保持平衡状态，为鳗鲡的摄食生长创造一个有利的小环境，增强其抵抗疾病的能力，以达到防治的目的。当外界环境剧变引起生态系统失衡时，用人为的方法，使失去的平衡迅速逆转，恢复到原来的平衡状态。

目前，鳗鲡养殖生产上通常使用的生态防治方法措施有：换水、过池、停食、调节水温、改善池塘微生物及浮游生物种群结构、调节放养密度等。现分述于下：

1. 换水

换水有两种作用，一是稀释水中有毒的代谢产物；二是减少病原体在水中的密度，使之危害性减少，并补充溶解氧，改善水体环境，增强鳗鲡的抗病力。

2. 过池

是在鳗鲡流行疾病、池水污染严重、用药困难或产生抗药性时，将鳗鲡捕捞后进行药浴处理，再转入预先消毒、培养好水质的鱼池中饲养。过池是鳗鲡养殖过程中出现久病难治的情况下采取的措施，因此，应特别注意对使用过的工具进行彻底消毒处理。

3. 停食

停食可使鳗鲡处于饥饿状态，对患有细菌性内脏病的鳗鲡康复较为有效。

4. 调节水温

调节养鳗池水温有两方面的作用，一方面通过升高水温，使一些喜低温的病原体生长繁殖受到抑制，数量急剧减少，从而减少鳗鲡感染疾病机会。很多鞭毛类及纤毛类原生动物寄生虫最适生长水温在 20 ℃ 左右，水温升高会抑制这些寄生虫的繁殖，如鳗鲡红点病病原体败血极毛杆菌在 28 ~ 30 ℃ 时就不能繁殖。另一方面，通过调节水温使鳗鲡有一个最佳生长、摄食环境，提高其体质及抗病能力。鳗鲡的最佳生长、摄食水温是 26 ~ 28 ℃。在炎热的夏天，提高池塘水位，可使池塘底部水温相对降低，减少鳗鲡由于水温过高而产生应激性反应。

5. 改善池塘生物种群结构

目前生产上用人为方法来改善池塘生物种群结构，以达到防病治病的目的。主要有以下几种方法：

加入有益生物。在水泥结构的养鳗池中加入光合细菌（PSB），能利用水中的二氧化碳、氨、硫化氢、硝酸盐、亚硝酸盐等简单化合物进行光合作用，促进有害物质的转化，限制病原体的繁殖；加入微囊藻能使水质稳定，增加水中氧气含量，从而有利于鱼池物质循环，抑制病原体的繁殖。

在土池养鳗的池塘定向培育或加入绿藻，可使池水氧气含量更加均匀，可避免因蓝藻老化形成水花及藻体死亡后发酵生成有害物质，影响鳗鲡摄食与生长，而降低其抗病能力。

混养鳙、鲢鱼，控制水蚤及轮虫过量繁殖，使水质更为稳定。

根据季节气候变化，及时调节鳗鲡饲养密度，避免放养太密，导致水质恶化，使鳗鲡发病。

避免池水环境因子剧烈变化（如大雨后用石灰调节 pH 值）。

二、药物防治

1. 爱德华氏病

该病由爱德华氏菌属的细菌引起．发病水温为 15 ℃，发病高峰温度在 25～30 ℃，是近年来危害养鳗业最严重的一种疾病。该病可分为肝脏型和肾脏型。肝脏型是细菌入侵肝脏所致，多见于成鳗。患病鳗鲡肝部肿大、溃疡，严重时肝脏部位腹面的皮肤和肌肉红肿、溃疡穿孔，流出脓液，露出溃烂的肝脏。肾脏型是细菌侵害肾脏所致，多见于白仔或黑仔鳗培育阶段。患病鳗鲡位于肛门后面的后肾肿大、坚实如卵，严重时后肾、中肾溃疡。

防治方法：

氯霉素：每吨鳗鲡每天用药 40～60 克，添加在饵料中投喂，连续 5 天。

鳗康素：每吨成鳗每天用药 40～50 克或每 20 公斤饵料加药 40～50 克，5～7 天为一疗程；预防用量为每吨成鳗每天 30～40 克，3～5 天为一预防疗程；成鳗病药浴浓度为 0.2～0.4 ppm，药浴 24 小时。

土霉素、四环素：每吨成鳗每天用药 50 克，添加在饵料中投喂，连续 5 天。

用 30 ppm 的福尔马林，3～5 ppm 的呋喃唑酮，单独或混合全池泼洒。

用 0.5～0.6 ppm 的鱼安全池泼洒。

用漂白粉、石灰水全池泼洒：先用石灰加水（30 ppm）全池泼洒，次日用 0.7～1.0 ppm 的漂白粉全池泼洒。

培育白仔鳗投喂丝蚯蚓时，要先除去死蚯蚓和污泥，并用 0.02% 的氯霉素浸浴 1～2 小时。同时，白苗池的水温升降不宜超过 4～5 ℃，以免鳗苗不适应而导致其体质下降，感染疾病。

2. 细菌性烂鳃病

引起鳗鲡感染细菌性烂鳃病的病原主要有 2 种，一种为柱状屈挠杆菌，另一种为噬纤维菌。

由柱状屈挠杆菌引起的烂鳃病主要发生在水温 20 ~ 30 ℃ 时，在我国 4 ~ 10 月为流行季节，15 ℃ 水温以下时，一般不易发生该病。发病时，病鳗鳃丝上黏液增多，常带有污泥，鳃丝呈扫帚状或部分缺损。通常缺损的鳃丝不是最外侧鳃叶上的鳃丝，而是内侧第二、三片鳃叶上的鳃丝。鳗鲡因部分鳃丝缺损、出血而呈贫血状态，通常内脏器官外观正常，但病鳗体质衰弱。每天清晨，可看到呼吸困难的病鳗在池边离群独游，或靠岸边食台上。

由噬纤维菌引起的鳃病，多发生在晚秋及早春。患病鳗鲡鳃丝肿成棒状，呈暗红色，将未死亡的病鳗捞起时，可看到鳃部有血液流出。病鳗呼吸困难，常独游或靠池塘岸边，甚至爬上池边用皮肤呼吸。有些病鳗鳍条充血，体表有块状黏液脱落、发炎，冬春季节常常寄生水霉。

防治方法：

作为预防，定期用 0.6 ~ 0.8 ppm 的食盐全池泼洒。

土霉素：每吨鳗鲡用药 50 ~ 80 克，添加于饵料中投喂；或每 20 公斤饵料添加土霉素 50 ~ 80 克，连喂 5 ~ 7 天为一疗程。

红霉素：每吨成鳗每天用药 40 ~ 60 克，添加在饵料中投喂；或每 20 公斤饵料拌药 40 ~ 60 克，连喂 4 ~ 5 天；或用 0.3 ~ 0.5 ppm 的畜用水溶性红霉素全池泼洒。用 30 ~ 50 ppm 的生石灰全池泼洒。

五倍子：用煮烂的五倍子（2 ~ 4 ppm）全池泼洒。

大黄：用 2.5 ~ 3.7 ppm，按每公斤大黄用 20 公斤水加 0.3% 的氨水（含氨量 25% ~ 28%），其他含量按此推算，置木制容器或瓦缸内浸泡 12 ~ 24 小时，药液呈棕红色，药液和药渣一起用池水稀释后，全池泼洒。

用 0.7 ~ 1 ppm 的漂白粉全池泼洒，连续 3 天，有一定疗效。

用 30 ppm 的福尔马林，2 ~ 3 ppm 的呋喃唑酮，混合或单独全池泼洒。

3. 红鳍病

引起鳗鲡红鳍病的病原为斑点气单胞菌。该菌在鳗池、水中、污泥中广泛存在，平时不引起鳗鲡发病，在条件适宜的时候，可在鳗池及鳗鲡肠道中大量繁殖，毒力迅速增强，引起鳗鲡发病。在春季天气回暖后，易流行该病。病鳗消化道发炎充血，肛门红肿，鳍条和体表局部充血发红。

斑点气单胞菌为条件致病菌，健康鳗鲡不易感染，因此，增加鳗鲡的抵抗力，定期消毒以减少池中细菌数量，均可预防该病的发生。

防治方法：

磺胺嘧啶：每吨鳗鲡每天用药 150～200 克，连续 5 天为一疗程；用药量第 1 天加倍，每天分 2 次投喂。

长效磺胺（SMP）：每吨鳗鲡每天用药 50～100 克，连续 5 天，第 1 天加倍。

土霉素：每吨成鳗每天用药 40～60 克，连续投喂 5～7 天为一疗程。

4. 指环虫病

病原体为拟指环虫，常见有短钩拟指环虫、小睾拟指环虫和鳗拟指环虫 3 种，常寄生在鳗鲡的鳃丝上，破坏鳃丝的表皮细胞，刺激鳃细胞分泌过多的黏液而妨碍呼吸。该病主要危害鳗种，欧洲鳗极易感染拟指环虫而大量死亡，春季及初夏是该病主要流行季节。用肉眼仔细观察可看到病鳗鳃部寄生拟指环虫呈白色小点状，在显微镜下能清楚看到不断作贝蠡式运动的虫体。鳃部黏液分泌过多，显得浮肿。欧洲鳗由于体表黏液较少，在发病严重时亦常检测到大量寄生虫。

防治方法：

用 0.3～0.5 ppm 的敌百虫（90% 晶体）全池泼洒，饲养欧洲鳗的池塘用量可增加 1 倍；或用 0.15～0.2 ppm 克的甲苯咪唑全池泼洒（注意：日本鳗不能用）。

用 20 ppm 的高锰酸钾药浴，水温 10～20 ℃时浸洗 20～30 分钟；水温 20～25 ℃时浸洗 15～20 分钟；25 ℃以上时浸洗 10～15 分钟。

5. 三代虫病

病原体为三代虫。三代虫的外形和运动状况与指环虫类似，主要区别是三代虫的头端分化成两叶，无眼点，后固着器伞形，其中有一对锚形中央大钩和八对伞形排列的边缘小钩。虫体中部为角质交配囊，内含一弯曲大刺和若干小刺，最明显的是虫体中已有椭圆形的胚胎，其中孕育有第三代胚胎，故名为三代虫。

防治方法：与指环虫病的防治方法相同。

6. 锚头鳋病

病原体为甲壳类的锚头鳋。虫体细长，寄生在鳗鲡雌性个体的口腔上颚及口腔周围。锚头鳋卵孵化时间随水温不同而不同，16 ℃时为3.3天，22 ℃时为2.1天，26 ℃时为1.6天。雌虫一生 中至少产卵囊10对，产卵总数达5 000个左右。成虫在鳗鲡口腔 中寄生，寿命为1个月左右（视水温而定，水温高时，寿命短，反之寿命长）。卵孵化后成无节幼体，经5次蜕皮后变为桡足幼 体，桡足幼体经5次蜕皮后变为成虫。

患有锚头鳋病的鳗鲡，严重时口腔不能关闭，影响摄食与呼吸。打开病鳗口腔可见到怀卵的成虫，早上及傍晚可见到病鳗停靠在池边或食台上，张开口，呼吸困难。

防治方法：

用0.5 ppm 的敌百虫（90% 晶体）全池泼洒，隔4～7天（视水温而定）1次，重复4～5次。在清晨泼洒敌百虫，杀灭效果最好。几次后，成虫产卵孵化出的幼体可全部被杀灭。

用0.1 ppm 的强效灭虫精全池泼洒，隔天连用2～3次，可有效杀灭虫体及幼体。

第四章　长吻鮠的养殖

长吻鮠俗称江团、肥沱，是我国长江水系特有的名贵鱼类之一，广东称之为"长江鮰"，与珠江水系的"西江鮰"（也叫白须鮰、斑鳠）齐名。

长吻鮠分布于长江干支流和大型通江湖泊中，尤以长江上游四川乐山产的最为著名。从 1980 年起，四川省水产研究所开始对其进行移养驯化及人工繁殖技术的研究，在生活习性、繁殖生物学、苗种培育、成鱼养殖、全价配合饲料和鱼病防治等方面取得了突破，池塘养殖亩产达 300 公斤。

到 1994 年，该鱼引入广东，率先在成鳗塘养殖，成效十分显著，刺激了养殖户养殖该鱼的积极性，纷纷从四川引种，养殖方式也从混养发展到池塘、网箱等单养。为了满足当地的养殖需求，长吻鮠的人工繁殖也随之发展起来。全省年产种苗达 400 ~ 500 万尾，对降低种苗成本、提高鱼种成活率起到了积极作用，并可返销回其原产地；养殖方式以池塘单养为主，主要分布在南海、顺德和番禺等地，亩产可达 1 000 ~ 1 300 公斤。

第一节　经济价值

长吻鮠富含各种氨基酸，有 13 种氨基酸的含量高于草鱼，尤以谷氨酸、门冬氨酸、丝氨酸等高出甚多，是其肉味鲜美的主要原因之一。其鳔特别肥厚，蛋白质含量极高，达 39%，即为享有盛名的"鱼肚"。长吻鮠脂肪含量低，仅在 1% 左右。无鳞，无骨刺，含肉量很高，达 87% 左右，分别是草鱼的 1.42 倍、白鲢的 1.6 倍、鲤鱼的 1.33 倍。

据介绍，长吻鮠具强身、健脑、补血益气之功效，历来被公认为鱼中珍品，常空运北京宴请国宾。"清蒸江团"、"江团生鱼片"等佳肴颇受中外宾客青睐。

第二节　生物学特性

一、形态特征

长吻鮠体长形，前段较圆，后段侧扁；皮肤裸露，没有鳞片；吻锥形，尖而长；口下位，口裂新月形，唇肥厚，并有皱纹。上、下颌和犁骨均具绒毛状细齿组成的齿带，须 4 对，鼻须 1 对，上颌须 1 对，颏须 2 对，上颌最长，后伸超过眼后缘；背鳍最后一根不分枝，鳍条后缘有锯齿硬齿；胸鳍硬刺后缘有锯齿；脂鳍肥厚，后缘和尾鳍不相连；臀鳍基比脂鳍基短，尾鳍叉形。背部稍带灰色，腹部白色，各鳍灰黑色。

二、生活习性

长吻鮠属底栖性鱼类，栖息在江河缓流深水的乱石缝中，喜荫蔽，畏光，性温和，喜集群，在池塘边角或底部凹凸里数十到上百尾地栖息，不善跳跃，不善游泳，不钻洞，极易捕捞。长吻鮠属温水性鱼类，生存适温为 0 ~ 38 ℃，生长适温是 15 ~ 30 ℃，最佳生长水温是 25 ~ 28 ℃。它能在池塘里自然越冬，即使在我国北方地区，只要池水保持相当的深度，表层水结了冰也不会冻死它，水温在 8 ℃以下或 30 ℃以上时基本停食。长吻鮠对水温骤变比家鱼敏感，苗种一般不能超过 ± 2 ℃，成鱼也不要超过 ± 3 ℃。长吻鮠的耗氧率也明显高于其他家鱼，水温在 26 ℃时，溶解氧如能保持在 5 毫克/升以上，则它的食欲旺盛，饵料系数和生长率都很高；如果溶解氧降低到 3 毫克/升时，其摄食量明显减少；降至 2.5 毫克/升以下时就会出现浮头现象；低至 1.5 毫克/升时，就会窒息死亡。长吻鮠对酸碱度的要求是 pH 值为 6.5 ~ 9.0，最适范围是 7.0 ~ 8.4。

三、食性

天然水体中的长吻鮠，体长在 20 厘米以下个体的食物主要是虾、水生昆虫、高等植物碎片等，藻类也占有一定比例。20 厘米以上的个体，食物组成主要是餐、鳅、鳑鲏、黄鳝等小型非经济鱼类，其次是虾、水生昆虫和底栖无脊椎动物，属肉食性鱼类。经过驯食，各种规格的个体均爱食人工配合饵料，但其抢食能力差，远不及鲤、鲫、草鱼，不宜混养于其中。

四、生长特性

长吻鮠常见个体 3 ~ 3.5 公斤，大者可达 15 公斤以上。自然水体中，长吻鮠的年龄与生长见表 15。

表 15　长吻鮠的年龄与生长

年龄	1	2	3	4	5	6
平均体长（厘米）	19.0	30.7	47.6	60.0	66.2	70.1
平均体重（公斤）	0.076	0.33	0.86	2.45	3.36	3.94

在养殖水体中，长吻鮠的生长速度更快，当年可长至 200 ~ 250 克，第 2 年能长至 1 000 克以上，第 3 年达 1 500 克以上。

五、繁殖习性

在池塘环境及全人工配合饵料条件下，长吻鮠的性腺完全能正常发育，达到性成熟。

长江中 4 龄长吻鮠除个别（约占 5.7%）外绝大多数发育成熟，最小成熟龄为 3 龄。但在池养条件下，长吻鮠的性成熟年龄多为 5 龄，4 龄中仅少数成熟，3 龄鱼中也有成熟个体发现。在广东，一般 3 龄可进行人工繁殖。在不同的生态环境下，长吻鮠性腺的发育有一些差异。通常 3 月为Ⅲ期，4 月多为Ⅳ期，部分达到Ⅴ期，5 月多为Ⅴ期，6 月中旬以后大多又变为Ⅲ期，并一直延续到翌年 3 月，与四大家鱼或大口鲇相比，长吻鮠的怀卵量较小，体重 3 ~ 6 公斤的个体，绝对怀卵量仅 1.7 万 ~ 10.8 万粒，初次性成熟个体的怀卵量只有数千粒。该鱼的精巢呈扁带状，多树枝状分叉，故不易用挤压法获取其精液，通常要剖腹取精。池养和江河长吻鮠的生殖周期无多大差异，池养亲鱼较江河亲鱼性腺发育一般要推迟半月左右。性成熟的个体，常组成 10 余尾的较小群体作生殖洄游。生殖季节过后，则又返回饵料生物丰富的河湾深处生活。

生殖期雌雄个体有互相追逐、互相咬斗的现象。发情期雌雄个体有互相以吻抵腹、头吻相依的亲昵表现。产卵受精时鱼体互相缠绕、剧烈颤动。鱼卵孵化期间，亲鱼有护卵行为，对外来物会用口咬、棘刺等方式攻击。

长吻鮠的生殖季节与多种物候相吻合。以四川宜宾地区为例，岷江涨水一般在 4 月下旬，此时在岷江口附近的大佛沱即可开始捕到成熟个体，同时江边蜉蝣大量出现，樱桃成熟上市，小麦黄熟。

第三节　人工繁殖

一、亲鱼培育与选择

人工繁殖用的长吻鮠亲鱼，除了在长江流域主产区的天然产卵场直接捕捞性成熟个体即时催产的外，捕获未成熟的个体或在养成商品鱼中选留的后备亲鱼必须经过培育才能进行人工催产。

培育塘应选用水源丰沛、水质清新、池底平整、面积 2 ~ 4 亩的池塘，每口培育塘最好配置 1 台增氧机。亲鱼培育期间，视水质状况不定期冲注新水。培育放养密度为每亩体重 2 ~ 5 公斤的亲鱼 80 ~ 150 尾，投喂蚯蚓、野杂鱼、虾等饵料，日投喂量为亲鱼总体重的 1% ~ 3%。

在繁殖季节，成熟好的雌亲鱼腹部柔软而富有弹性，卵巢轮廓较为明显，腹围与体长之比大于 0.6；生殖突较短，通常只有 0.5 厘米左右；生殖孔宽而圆，色泽红润；雄鱼生殖突长而尖，通常可达 1 厘米左右，虽然不易挤出精液，但只要其末端呈鲜红色就可选用。雌雄鱼配比，若人工授精的多是 3:1 ~ 8:1，而自然受精的则为 1:1 或 2:3。生产上，曾有 1 尾 9 公斤的雄鱼配 8 尾雌鱼的人工授精成功记录。

二、催产

长吻鮠的催产剂同四大家鱼一样，可用垂体、绒毛膜促性腺激素（HCG）和促黄体激素释放激素类似物（LRH—A），单独使用或混合使用均可，但混合使用的效果更加稳定。剂量的大小，一针注射还是二针注射应根据亲鱼的成熟度、水温的高低等灵活掌握。一般每公斤雌鱼用 LRH—A30 ~ 50 微克加地欧酮（DOM）4 ~ 6 毫克或垂体 0.5 ~ 1.5 个或 HCG1500 国际单位；雄鱼减半。如果雌鱼分 2 次注射，则第 1 针注射总量的 1/5 或 1/4，第 2 针注射余量。两针间隔时间一般为 8 ~ 10 小时。雄鱼在雌鱼注射第 2 针时 1 次注射全量。注射部位可在胸鳍基部或背部肌肉。

适宜催产的水温是 20～28 ℃，最适水温是 23～25 ℃，效应时间通常为 19～22 小时。

三、受精与孵化

实践证明，长吻鮠可以用自然产卵、自然受精、自然孵化的方法获得鱼苗，也可以用人工挤卵、人工授精和人工孵化的方法获得鱼苗。但前者的效果不稳定，很难获得规模效益。生产上大都采用人工授精与人工孵化获得大批量鱼苗。

自然产卵的催产池即是产卵池。催产池可以是圆形或椭圆形池，面积视当地条件而定，一般用四大家鱼的催产池即可，水深 60～90 厘米，池水呈环流，水流速度≤0.42 米/秒。模仿长吻鮠在江河产卵的环境条件，在池底铺放卵石作鱼巢。人工授精的亲鱼在催产后雌雄鱼同放一池或分开不同的池子放。雌雄鱼同一池放养的效应时间较好掌握，看到亲鱼相互发情追逐时马上捕鱼进行人工挤卵，授精。但长吻鮠对催产药物反应个体差异较大，效应时间持续较长，故多数是雌雄分开放养，凭经验掌握其人工挤卵时间，放养待产亲鱼的池子大小均可，每平方米可放养 1～2 尾，充气或微流水更好。

人工授精的受精率高低，除了卵子、精子本身质量外，还与取卵时刻、具体操作适当与否和精液稀释液等有关。水温 23～25 ℃时，在注射后 18 个小时起，应每隔 1～2 个小时检查亲鱼 1 次，如轻压雌鱼腹部有少许卵子流出，此时即可进行人工授精。成熟度较好的雌鱼，到了催情药物的效应时间，其卵子通常很容易挤出来，而且往往都能挤空。刚挤出的卵子浅黄色，卵径 2.5～2.8 毫米。在挤卵之前，先取雄鱼剖腹，以缩短卵子离体到受精的时间。成熟度较好的精巢，精液呈乳白色，精液较浓，似牛乳。若呈白色，较清淡，似稀释后的牛乳，淡黄色或带血丝的精液中的精子绝大多数无活力，不能使用。挤完卵后，按一雄配数雌的比例剪出等分放在小碗中，再用 0.6%～0.7% 生理盐水或精液稀释液稀释后倒入卵子中，迅速用羽毛搅拌 1～2 分钟，完成受精过程。以后用生理盐水洗去精巢碎片和血水，再将受精卵均匀撒在鱼巢上孵化。

精液稀释液分 A、B 两种，其组成分别是：

A 液：NaHCO₃ 0.1 克，NaCI 0.65 克，KCI 0.042 克，CaCI₂，0.025 克，葡萄糖 1 克，溶于 200 毫升蒸馏水中。

B 液：A 液 + 0.6% NaCI 液（1:2）。

长吻鮠受精卵吸水膨胀，卵径达 2.8~3.1 毫米，并产生极强的黏性，卵呈油黄色。受精卵粘在网片、棕衣或碎石片等做成的鱼巢上，置于微流水或充氧的水池内孵化，每平方米水面放受精卵 1~2 万粒。水温 24.5~27.5 ℃时，孵化需 32~45 小时；水温 22.5~24 ℃时，孵化需 60 小时左右。最适孵化水温 24~26 ℃，低于 20 ℃或高于 28 ℃或孵化水温突变幅度超过 ±2 ℃时，对孵化都不利。在孵化期间，注意水质要清新，溶解氧充足，尤其注意原肠期和脱膜期的水质、温度等的调控。

第四节　苗种培育

通常把刚孵出的仔鱼培育到 3 厘米左右称为鱼苗培育。将 3 厘米左右鱼苗培育到 5 厘米以上的阶段叫做鱼种培育。

一、鱼苗培育

鱼苗培育池一般用水泥池，面积大小均可，10~20 米² 较容易操作。水深 40~80 厘米，初期水浅些，以后逐步加深水位。水质一定要清新，溶解氧要高。通常水库水、江河水、湖泊水等水源的水质较好，自来水或深井水一定经曝气才能引入鱼苗池。露天的培育池必须放养水浮莲或搭棚遮光。长吻鮠具有畏光的习性，在苗种期尤为突出，且喜群集。光照过强、群集过大时，鱼苗呈烦躁不安状态，食欲减退。每平方米放养仔鱼 0.5~1.0 万尾。

刚孵出的仔鱼 0.6 厘米左右，初时以卵黄为营养；第 4 天，卵黄囊被吸收得差不多，此时，仔鱼一边吸收卵黄，一边摄食外界食物，处于混合营养阶段；7 天后，仔鱼完全以外界食物为营养。所以在第 4 天起就应投喂蛋黄、水蚤、轮虫等饵料。待鱼苗长至 1.5 厘米以上时，开始投喂水蚯蚓至 3 厘米。每天的投喂量以略有剩余为宜。从仔鱼培育到 3 厘米左右历时 20～25 天。此期间可视鱼苗的成活率适当分疏。

二、鱼种培育

其实，长吻鮠鱼苗的培育阶段一般不存在两极分化和弱肉强食的现象，只要随着个体的长大适时地拉网分疏，可在原鱼苗培育池一直培育到 5 厘米以上。此时，鱼苗的放养密度以每平方米 1 000～2 000 尾为宜，饵料可以水蚯蚓为主，或驯化其摄食人工配合饵料，人工饵料可以是鳗鲡配合饵料，也可以自己配制，饵料的粗蛋白约为 55% 左右。自己配制饵料，在初期加入 20%～30% 鱼浆、蚯蚓或鸡蛋等作为诱食剂，以后逐步缩减，直至不加为止。驯饵要在固定时间、地点，以敲响声或泼水声为信号投喂，使鱼种形成条件反射，坚持渐进原则，每天投喂 3～6 次，日投喂量占鱼总体重的 15%～20%。一般 5～7 天驯饵即可完成。

在驯饵期间，特别要注意水质变化，适时冲注新水，并将剩余的食料和粪便等污物及时吸去。

鱼种培育也可以用鱼塘。培育塘的面积为 2～3 亩，水深为 1～1.2 米，池底较平坦，排灌方便，水质清新，且安装增氧机。培育方式与四大家鱼鱼苗培育相类似，但水质不宜太肥，透明度 25～30 厘米。长吻鮠 2.1～5.0 厘米时，溶解氧低至 1.52～2.00 毫克/升时就会昏迷。培育塘在毒塘后可不施肥"沤水"或少施，以控制水的肥度。另外，长吻鮠此时不是以天然饵料为主，而是靠人工投喂水蚯蚓、鱼浆或人工饵料。鱼塘培育长吻鮠为每亩放养 3 厘米苗 15 万尾，每天饵料投喂量为鱼体重的 15%～20%，每日投 3 次。投喂点置于增氧机的附近。培育 1 个月左右可达 10 厘米，成活率 90% 左右。

三、鱼苗、鱼种的质量鉴别与运输

1. 质量鉴别

苗种质量的好坏，直接关系到运输与养殖成活率的高低，不可忽视。

优质水花：活泼，尾摆动快速，身体无拖泥现象，无畸形。

优质鱼苗、鱼种：大小一致，规格整齐，体态匀称，无消瘦感，体青灰色，有光泽，逆水性强，外表无赘生物，无伤残，无畸形。池中无独游个体。

2. 运输方法

长吻鮠身体无鳞片保护，苗种幼嫩，价值较高，耗氧量比家鱼高很多，故在装运时应特别小心。具体操作时要轻柔、快速、不能损伤鱼体。起运前必须暂养、停食，运输距离在 5 小时以上的尤应延长暂养时间，排空粪便，水温变动不应太大，控制在 ±2 ℃之内。

30 厘米×60 厘米的塑料袋可装 7 日龄水花 3 000 尾，或 3 厘米苗 500 尾，或 5 厘米鱼种 250 尾。10 个小时左右以火车、汽车、飞机安全运输，成活率在 95％以上。

第五节　成鱼养殖

成鱼养殖是指把规格 5～10 厘米或越冬后的鱼种养大至上市规格的过程。目前上市规格达 2～3 公斤的较受欢迎。长吻鮠养殖地域广阔，养殖方式和习惯各有不同，以广东省为例，养至 1 000～1 500克体重约需 1.5～2 年时间。长吻鮠性温和，行动迟钝，口下位，取食缓慢，耗氧率高，一般不宜与抢食能力强、价值较低的鲤、鲫、草鱼、胡子鲶、罗非鱼等混养，但可混养在鳗、鲈和鳜塘中。生产上，长吻鮠多以单养为主，每亩产量超过 1 000 公斤，尤以微流水养殖效果最好。

一、池塘单养

1. 池塘条件

长吻鮠对养殖水质的要求明显比四大家鱼高。若溶氧量在 2.8～3.0 毫克/升时，长吻鮠即出现明显不安（主要是幼鱼），成鱼在溶氧 2.5 毫克/升时出现浮头，溶氧量低至 1.25 毫克/升时会引起 10 厘米以上规格的幼鱼昏迷。因此应选用水源丰沛、水质清新、注排方便、淤泥少的池塘，底质以沙壤土或沙质土为好。面积在 3～10 亩，水深 1.5～2.0 米。最好配备增氧机或抽水机。

放种前，按常规毒塘方法毒塘，新挖池塘一般每亩用生石灰

250 公斤加漂白粉 12.5 公斤。

2. 放养密度

长吻鮠在池塘中的密度，根据放种规格、池塘面积大小、水深而定，可参考表 16。

表 16　池养长吻鮠放养参考量

鱼种规格	放养密度（尾信）
10 厘米左右	3 000 ~ 3500
50 ~ 100 克	2 000 ~ 2500
200 ~ 250 克	1 000 ~ 1200

3. 饲料投喂

商品化养殖长吻鮠以投喂人工配合饲料为宜。研究指出，每 100 克长吻鮠（活体）每日的营养需要量是蛋白质 $1.2 ~ 1.3$ 克，脂肪 $0.18 ~ 0.27$ 克，糖 0.75 克，纤维素 0.24 克，无机盐 0.1 克。人工配合饲料蛋白质含量要求达到 $40\% ~ 42\%$，有人曾用鱼粉（蚕蛹）、饼粕、血粉、小麦、玉米等原料合成饲料。

也有研究认为，以动、植物饲料 1.35:1，粗蛋白 42.5% 的饲料配方对长吻鮠具有明显的增重效果。在生产上，广东有人应用下杂鱼或鳗鱼料 9.4: 下杂鱼 0.5: 黄粉 0.1 混合投喂，后者的饲料系数为 1.7。在鱼种期，浮性饲料的投喂效果也较理想，其饲料系数为 1.6。

每日投喂量占鱼体重的 $3\% ~ 5\%$，根据天气、季节和鱼摄食情况而变化，分上、下午两次投喂，设饲料台为好，每亩设 2 ~ 3 个。如果不设饲料台，投喂点设在增氧机附近，日投喂 2 ~ 3 次，每次投喂时间应在半小时以上，直至大部分鱼吃饱散去为止。

4. 日常管理

重点在于保持良好水质，根据需要调节水量，天气闷热时加大进水量或开增氧机，在投喂时尤以如此。每 20 ~ 30 天每亩用生石灰 15 ~ 20 公斤沿鱼塘四周泼洒，调节 pH 值。坚持早晚巡塘，随时观察，掌握鱼情，防病防泛池等。

二、混养

在水质较清新的草鱼亲鱼池里混养少量长吻鲼（一般每亩放 50~150 尾）；养鳗池每亩放 2 000 尾，或 30~40 尾；前者 1 周年个体长至 300~400 克，后者可长至 1200~1 500 克。

三、网箱养殖

1. 网箱的设置

养殖长吻鲼用的网箱，一般设置在水质清新，透明度大，无污染的江河、水库、湖泊等水域。

2. 规格与密度

根据计划产出量、水环境好坏和放种大小等因素合理确定放养密度，总的要求是既要充分利用网箱的有效空间，又不可单纯追求单位产量水平的高低，应讲求经济效益。就一般而言，长吻鲼以适当稀养为好。具体参见表 17。

表 17　长吻鲼的鱼种规格及其放养密度

鱼种规格	放养密度（尾/米^2）
3 厘米左右	60~70
10 厘米左右	45~55
50~100 克	25~30
150~200 克	20~25

3. 饲料与投喂

长吻鲼在网箱中的活动表现有两大特点：一是惧强光，喜弱光，白天摄食量较小，夜晚摄食量大；二是喜欢在水体的中、下层活动，一般不到水表层摄食。长吻鲼口下位，消化器官主要是胃，因而投饲方法应注意三个方面的问题，首先最好在网箱中设置一个水下饲料台，面积在 1~2 米^2 之间，悬吊在网箱某角距箱底 20~30 厘米处。其次，饲料种类最好选用长吻鲼专用饲料或鳗料等营养价值高的沉性饲料。苗种期可用黏性较好的软质团状饲料，而后逐步驯化为颗粒饲料或始终坚持投喂团状饲料。再次，长吻鲼的食性转化期为体长 4~6 厘米时，如果投放苗种的规格小于6厘米，通常应投喂一段时间的水蚯蚓及其他种类的活饵料生物，而后再逐步驯化至完全摄食人工配合饲料。饲料的质量必须符合长吻鮠的各类营养需要，使用人工配合饲料时，可每次加入10%～20%的新鲜动物肉浆。这样可以大大提高长吻鮠的摄食量和提高饲料的利用效率。日投喂量主要根据鱼体的大小、饲料种类、天气情况等灵活掌握。一般地，苗种期投喂3～4次，投喂量占鱼体重的5%～10%；成鱼期为2～3次，占鱼体重的3%～5%。

4. 日常管理

一般情况下长吻鮠不会相互残杀，同批鱼的生长速度也较均匀，可以不过筛分级。管理工作重点是防逃、防盗、防大风雨造成的自然灾害。坚持值班巡箱或定期拉箱检查。每天早、晚及投喂进注意观察鱼群的活动，发现问题及时解决。

第六节　病害防治

长吻鮠在养殖过程中，病害发生主要有如下几种：

一、小瓜虫病

一般在出现水质不良、鱼池面积过小、放养密度太大、水温在25℃以下、连绵阴雨天气多发等情况时，会严重危害3～5厘米规格的长吻鮠苗种。在鳃、鳍和体表皮肤上出现肉眼可见的"小白点"，此后数量增加很快，2～3天之内就能布满全身。小瓜虫病较难治疗，如果发现晚了往往难于救药而造成毁灭性的损失。而当水温在10℃以下或30℃以上时，即使不用药物，成虫也会自然死亡。

防治方法：

用0.7 ppm的硝酸亚汞药液浸泡病鱼18～20分钟，隔天再浸泡1次，转池饲养。原池要用福尔马林液彻底消毒，以杀死小瓜虫的胞囊。此方法在发病初期的疗效十分显著，但注意：一是长吻鮠对硝酸亚汞极为敏感，故用药量必须精确。浸泡病鱼的时间（尤其是第1次）切忌超过20分钟。二是该病不能用硫酸铜或食盐等药物治疗，因为这些药物不仅杀不死小瓜虫，反而会促使小瓜虫形成胞囊，进而又大量繁殖，造成更严重的危害。

二、斜管虫、车轮虫并发症

鱼鳃和皮肤被大量的斜管虫和车轮虫寄生而致病，长吻鮠鱼种常患该病，成鱼和亲鱼有时也会感染。

防治方法：

用 0.4 ppm 的硫酸铜、硫酸亚铁合剂（5∶2）全池泼洒，或用 8 ppm 的硫酸铜药液浸洗病鱼 20 分钟。

三、水霉病

如捕捞、放养时操作不慎擦伤鱼体，水霉菌会侵入伤口并迅速蔓延，呈棉絮状粘附在体外。主要危害进入越冬的鱼种和冬春放养的鱼种及亲鱼，放入网箱的鱼种受害尤甚。

防治方法：

用 3%～4% 的食盐水浸洗病鱼 3～5 分钟，或用 0.4% 的食盐与 0.4% 的小苏打合剂全池泼洒或浸洗病鱼，对受了伤的亲鱼，可直接在伤口涂抹高锰酸钾浓溶液或呋喃西林粉剂。

四、锚头鳋病

锚头鳋，形似铁锚，个体大，肉眼能看清楚。锚头鳋用锚状头部钻入鱼体皮肤肌肉组织吸取营养，使寄生部位发炎红肿，组织坏死。1 尾 7～10 厘米长的长吻鮠鱼种，有 5～10 个锚头鳋寄生，就能引起死亡。

防治方法：

在感染率还不高时可用 0.4 ppm 的晶体敌百虫浸洗鱼体，最多 2 次就可治愈。

五、出血病

鳍基和鱼腹发红充血，部分病鱼在水中不停地旋转或狂窜，不久即死亡。主要危害鱼种，常在连续晴天高温时期暴发，是目前危害最严重的病害。该病来势猛、蔓延快，目前没有特效药物治疗。

防治方法：

1. 每隔 15 天用 40 ppm 的生石灰浆全池泼洒。

2. 调控水温，使其不超过 30 ℃。

3. 在发病季节用强氯精或漂白粉全池泼洒，同时用氯霉素做成药饵喂鱼。

4. 可用珠江水产研究所生产的"强克99"药物治疗。

六、烂鳃病

病鱼体发黑，离群独游，不吃食，鳃丝腐烂、带泥、有黏液。死鱼的鳃盖和嘴常张开，鳃丝发白，可见骨质条。该病对鱼种、成鱼和亲鱼危害较大，一般由水质老化、底层水发臭，池底淤泥太多等原因引起。

防治方法：

1. 清除池底淤泥，多用生石灰消毒清塘。

2. 注排水应先排后注，要把整池水冲转。

3. 用 1 ppm 的漂白粉全池泼洒，或用2%的食盐水浸泡病鱼 10 分钟，也可用呋喃西林悬浊液浸洗病鱼，到难以忍受时再立即放回原池等方法治疗。

七、肠炎病

病鱼腹部膨大，有大量黏稠液体，空肠，肠壁充血。鱼种和成鱼易患该病。

防治方法：

用 1 ppm 的漂白粉泼洒的同时，投喂磺胺胍（或土霉素等）药饵，每50公斤鱼第1天用药5克，第2天开始减半，连用6天为一疗程。

第五章　　鳜的养殖

鳜俗名桂花鱼。我国鳜鱼品种较多，有石鳜、大眼鳜、斑鳜、波纹鳜、翘嘴鳜等。近年来，人工养殖的品种主要是原产于长江水系的翘嘴鳜，因其生长快、个体大而受到渔农欢迎。其他品种因生长慢、产量低，进行人工养殖的不多。但近年来一些个体小、肉质好的品种如斑鳜等，因其售价比翘嘴鳜高 3 ~ 4 倍而受到人们的注意，也开始有人试养。

第一节　经济价值

一、食用价值

鳜鱼肉味鲜美、营养丰富，肉质丰厚坚实，肉刺少，是具色、香、味、形、营养为一体的水产珍品。几千年来赞美之色不绝于耳。每当 5 月桃花开放季节，正值鳜鱼产卵之前，肉丰味美，甚至有"席上有鳜鱼，熊掌可舍之"的传说。

鳜鱼被视为美味佳肴是与其丰富的营养成分分不开的。据分析，每100 克鱼肉中含蛋白质 18.5 克、脂肪 3.5 克，是高蛋白、低脂肪的营养食品。在广东，鳜鱼被列为四大名鱼之一，也是传统出口的名贵水产品。

二、药用价值

鳜鱼不仅是名贵的食用鱼类，还可作药用，胆、肉均可入药。胆性寒、味苦，腊月采收，悬挂于通风阴凉处阴干备用，可治咽喉骨硬刺人喉中不下，以黄油煎化温呷；肉性平，味甘，入脾、胃，有补气血、益脾胃功能，治虚劳赢度，汤风浮血。

第二节　生物学特性

一、形态特征

鳜鱼体形呈纺锤状，体较高，侧扁，背部隆起。头大，长而尖。口大，口裂略倾斜，下颌向上突出。上下颌均有排列极密的牙齿，其中上下颌前部的小齿扩大成犬齿状。背部橄榄色，腹部灰白色，体侧有不规则的暗棕色斑点及斑块，向吻端穿过眼眶至背鳍前下方有一条狭长的黑色带纹。各奇鳍上均有暗棕色的斑点连成带状。

二、栖息习性

鳜生活于中上水层，喜栖息于静水或缓流的水体中，尤以水草茂盛的水域较多。夏秋季活动频繁，白天潜伏于泥穴，夜间常在水草丛中摄食。冬季在水温 7 ℃以下时不大活动，常在深水处越冬。春季水温回升后，游至沿岸浅水区觅食。不喜群居。在池塘饲养的鳜有在池底打洞作窝的习性，日间常潜伏在窝内，拉网不易捕到，多在傍晚或早晨出窝捕食。

三、食性与生长

鳜是典型的肉食性凶猛鱼类，刚孵出的小鳜鱼即捕食其他鱼苗，体长 0.7 厘米的鳜即能捕食体长 0.35 厘米的其他鱼苗。体长 34 厘米的鳜能吞食体长 15 厘米的鲫鱼。能否提供数量充足、大小适口的饵料鱼苗，是养殖鳜成败的关键。鳜在水质良好、饵料充足的条件下饲养，比在天然水域的生长速度快很多。刚孵出的鳜鱼体长 0.4 厘米，经人工培育 20 天，体长达 3 厘米，体重 0.5 克。再培育 40 天可长到 12 厘米、体重 50 克的大规格鱼种。再养 100 天就可达到体重 500 克的商品鱼规格，整个养殖周期约半年时间。

四、繁殖习性

鳜初次性成熟，雄鱼为 1 冬龄，雌鱼为 2 冬龄。成熟的亲鱼在江河、湖泊、水库都能产卵繁殖。产卵期是 4 月～8 月。一般在下雨天或一定的流水环境中产卵，受精卵随水漂浮而孵化。

第三节　人工繁殖

一、亲鱼的选择

鳜亲鱼可以选用在江河、水库等大水面捕捞的，也可选用在池塘培育的。选择的亲鱼要求个体大、身体健壮。鉴别雌雄鱼的主要标志是：雄鱼下颌长而尖，超过上颌很多；泄殖区 2 个孔，一为肛门，一为生殖孔；生殖孔呈圆形，输精、排尿共用。雌鱼下颌短而秃，超过上颌不多；泄殖孔有 3 个孔，生殖孔呈"一"字形，在肛门与尿孔之间。

二、人工催产

催情季节以 4～7 月为宜，水温 25～28 ℃，但水温在 18 ℃以上可进行催情产卵，催情前要检查亲鱼性腺的成熟度，要求雌鱼腹部膨大、松软、有弹性，生殖孔红肿且开口；雄鱼轻压腹部有白色精液流出。鳜对催产药物一般具有选择性。常用的催产药物有：LRH – A、HCG、RES、DOM 等合成激素及鲤鱼脑垂体。每公斤雌鱼注射鲤鱼垂体 1.5 ~ 2 毫克加绒毛膜促性腺激素（HCG）4 ~ 5 毫克，雄鱼减半；或每公斤雌鱼注射绒毛膜促性腺激素（HCG）1 000 国际单位加 LRH – A 50 微克，雄鱼减半，均达到良好的催产效果。经注射催情剂的亲鱼按雌雄比 1∶1，放入产卵池中流水刺激。水温在 25 ℃时，经 22 ~ 28 小时亲鱼就会发情产卵。

三、受精卵孵化

要求采用流水孵化。由于鳜卵比重较大，孵化时还要适当加大流速、流量，以便均匀冲起鱼卵并在水中不断翻动。特别是在出膜期，由于鳜卵膜较坚厚，不易溶解，更应掌握好流速、流量，防止沉积压苗。每立方米水体可容纳 7 ~ 10 万粒受精卵。

鳜鱼胚胎发育时间的长短，与水温和溶解氧的高低成正比关系。在环道池流水孵化，水温 24 ~ 28 ℃时约需 28 小时；28 ~ 30 ℃时为 24.5 小时。在蓄水池中用网箱静水充气法孵化，虽然水温与环道池流水温度相同，但胚胎发育时间要延迟 3 ~ 4 小时才能出膜。

第四节　鱼苗培育

刚孵出的鳜苗，全长 0.4 厘米，卵黄囊大，只能随水上下滚动。在水温 25 ℃时，出膜第 3 天才由垂直运动转变为水平运动，约在第 4 天开始觅食。因此鱼苗培育一般是在孵出后第 3 ~ 4 天开始，约需 20 天时间，把鱼苗培育成体长 3 厘米的规格。培育方式有池塘静水培育、环道池流水培育、网箱培育和水泥池微流水培育。

一、网箱培育

将网箱设置在水质较好的水体中，鱼苗阶段用一级网箱即 50

目 10×0.8×0.8 米、寸片阶段用 20 目 10×1×1.2 米二级箱。鱼苗阶段放养密度 0.8～1 万尾/米^2、夏花（1～2 厘米）3 000～5 000尾/米^2、寸片阶段（3.3 厘米以上）1 000 尾/米^2。其优点是：箱体面积小，易于操作管理、防病和清污，投喂饵料鱼较集中，鳜鱼易捕食，大小不同的规格易分箱饲养，是各地较常用的方法。缺点是经常清箱劳动强度大。在无流水和水交换差的条件下，表底层水温差大，受太阳曝晒后引起表层水温升高，出现缺氧和烫死现象；在湖泊、水库大水面设置网箱易被风浪掀翻；网箱放养密度较小，投资大，平均成活率 20%～30%。

二、水泥池微流水培育

利用家鱼人工繁殖设施的集苗池、产卵池或有微流水条件的水泥池培育鳜鱼苗种。一般规格为：集苗池 20～30 米^3，产卵池 70～90 米^3。能保证水质清新、溶解氧充足且易于消毒和防病，一般不分池直接由鱼苗或夏花育成 3 厘米以上鳜鱼种。集苗池放养密度 4 000～5 000 尾/米^3，产卵池 1 000 尾/米^3 左右，成活率可达 50% 以上。利用现有设施可降低生产成本。其缺点：不利于彻底清污，水体较大时（如产卵池）交换较差，水温上升快，易使水质恶化。因此，鱼池面积应选择 20 米^2 左右的小池效果较好。

三、环道流水培育

利用鱼苗孵化环道培育鳜鱼苗种，是近几年培育鳜鱼种效果较好且较为普遍的方式。环道规格为 6～10 米^3。放养密度苗期 5～7万尾/米^3。体长 1～2 厘米阶段 3～4 万尾/米^3。3 厘米以上阶段 1.5～2 万尾/米^3。它具有水质清新，水体交换量大，水温均衡、无温层、温差，溶解氧丰富等优点，符合鳜对环境的各项指标要求；它放养密度大，有利于大规格育种；操作管理方便，易于防病和排污；成活率高，平均成活率可达 70%～80% 以上；利用家鱼人工繁殖设施可降低生产成本。不足之处是：在流水中鳜体力消耗量大，影响生长速度；由于放养密度大，一旦染病易流行；清污时劳动强度大，易损伤鱼体；需要长期保证环道水的流量。

四、池塘静水培育

对培育鱼苗的水体及其水源，要彻底清除敌害生物、杀灭病原体，最好采用带水清塘法。先灌深池水，每米水深每亩池塘用生石灰 150～200 公斤或硫酸铜 0.5 公斤加硫酸亚铁 0.2 公斤，待药物毒性消失后即可投放鱼苗。池塘静水培育每亩放养 1～1.5 万尾，整个培育期间在无法进行水源消毒的情况下，暂停加入新水，防止病原体随水流进入池塘引发鱼病产生。

五、投喂饵料

不同生长阶段的鳜鱼苗对饵料鱼苗的种类和大小有不同的要求，如果供食不及时，数量不足或规格过大，就会自相残食或因饥饿而死。因此，必须根据鳜鱼苗的开食时间或生长速度，有计划地生产供应各种不同规格的饵料鱼苗。出膜 3～5 天的鳜苗适宜吃同日龄的鳊、鲂、鲮、野鲮等鱼苗；6～8 日龄的除吃上述品种的同日龄鱼苗外，还可以吃 3 日龄的四大家鱼苗；9～15 日龄可吃上述品种的嫩身、老身鱼苗；15～25 日龄可逐渐摄食经池塘培育到了 1～2 厘米的鱼苗。鳜苗长至寸片阶段（3.3 厘米以上）饵料鱼应按回归方程：

$$y = 0.6009x - 1.0450$$

式中： y = 鳜能进食的饵料鱼最大全长（厘米）

x = 鳜体长（厘米）

即：饵料鱼规格为鳜体长的 50%～60%。鳜开食的头两三天，由于适口的饵料鱼来源不广，如果供应不足，不但会自相残食，而且生长缓慢，体弱易病，这是决定成活率高低的关键时刻。2～7 日龄以后，饵料鱼品种增多，适口规格扩大，来源广，比较容易解决。

培育一尾体长 3 厘米的鳜，前 12 天共投喂刚孵出的各种鱼苗约 500 尾，平均每天 41 尾；后 10 天投喂经培育的 1～2 厘米鱼苗约 150 尾，平均每天 15 尾。实际生产中可依上述数据制订投喂计划，并根据摄食情况适当调整。

第五节　成鱼养殖

食用鱼饲养方法主要有单养和混养两种，混养是将鳜鱼种放到饲养四大家鱼或其他鱼类的池塘中，放养数量一般每亩为10～30尾，不专门投喂饵料鱼，利用其清除塘中野杂鱼、小虾等，产量较低，只作增加池塘经营收入的一项来源。但饲养鳗鲡等优质鱼类的池塘不宜混养鳜，以免其残食池塘中的主养鱼类造成损失。单养是选择适宜的池塘或网箱专门饲养，并按照鳜的生物学特性、生长要求进行饲养和管理，把体长3厘米（网箱养殖为6～10厘米）的鳜鱼种养至体重400克以上商品鱼一般需要140～150天。

一、池塘养殖

1. 池塘条件

单养鳜的池塘要求沙质底、淤泥少、面积0.2公顷左右、水深2～3米、排灌方便、水质良好、无污水流入。放养前，使用生石灰来清塘消毒。

2. 放养方法

直接放养3厘米鱼苗　此法较适于池塘少、养殖规模不大的养鱼户。清塘消毒后，施放基肥增肥水质，每亩放养80～100万尾刚孵化的鲮鱼苗，培育15天左右。鲮鱼苗长到体长1～2厘米时，就可放养鳜鱼苗。放养鳜鱼苗前，先将池水排去一半，再灌进新水，使池水稍为清瘦，然后放养鳜鱼苗，每亩放700～1 000尾。该法优点是：放养初期饵料鱼苗丰富，鳜生长快，工作简便，节省池塘和劳力。缺点是：放养时鱼种规格小，成活率低，一般为80%。

培育成大规格鱼种再放养　池塘较多、规模较大的养鱼户，可先将鳜鱼苗培育成体长12厘米、体重50克的大规格鱼种，约需40天时间，再转入成鱼饲养阶段。可用池塘培育大规格鱼种，具体做法与上相同，但每亩放鳜鱼苗4 000尾；也可在池塘用网箱培育，入水深度1.2米的网箱，每平方米放养鳜鱼苗120尾，在成鱼饲养阶段，每亩放养大规格鱼种 600～900 尾，成活率一般为 95%。

3. 投喂饵料

饵料鱼品种 凡是没有硬棘的小鱼虾，都可作鳜鱼饵料。但从来源、经济、喜食等多方面选择，当以鲮、野鲮、鲢鱼、麦鲮鱼苗为最好，一是体形细长，鳜鱼喜食；二是价格低，成本少；三是来源广，可以高密度培育，群体产量高。

饵料鱼规格 应根据鳜鱼各个不同的生长阶段，投喂相应规格的饵料鱼（见表18）。

表 18　鳜养殖投喂饵料鱼规格

鳜鱼体长（厘米）	3～14	15～20	21～25	26～30	31～35
饵料鱼体长（厘米）	1.5～5	6～8	8～10	10～13	10～16

饵料日量 把体重 0.5 克（全长 3 厘米）的鳜养至 500 克的商品鱼，需消耗饵料鱼约 5 000 尾，重 3 公斤。饵料日量占体重从 70% 开始，逐渐减少到 8%～10%。夏秋季可适量增加，冬季可适量减少。

投饵技术 根据养殖规模、产量指标以及放种与收获的时间安排，预先制订饵料鱼的生产计划，包括供应时间、品种、规格和数量。

根据鳜的生长需要，定期（3～5 天为 1 期）投放补充饵料鱼，使池塘中饵料鱼经常保持一定的密度，保证鳜每天能吃饱。

在不超出池塘承受力的前提下，尽量多投饵料鱼苗，让其在池塘中活动生长。鳜吃剩下的饵料鱼苗，待到清塘时回收销售。

4. 日常管理

坚持早晚巡塘，观察鳜的活动及摄食，并做好如下几项工作：

（1）饵料要充足，否则鳜鱼生长停滞，个体消瘦易染上疾病。一般每亩成鱼塘要配套 4～5 亩鱼培育适口饵料鱼投喂。

（2）投喂的饵料鱼要先将寄生虫杀灭，然后才投放到鳜鱼塘，以免虫害传播。

（3）每15天左右对饲养的鳜进行1次检查，发现病虫害及时处理，平时经常施放生石灰及注意水环境因子不要有太大的波动，这样可使暴发性死亡的机会降到最低。

5．捕捞

鳜有在池底打窝的习性，日间或捕食后常潜伏在窝内。拉网捕捞的上网率很低，但徒手捕捉却很容易，熟练渔农每小时可捕捉数十公斤或上百公斤。适合分批上市，大量上市必须排干池水捕捉。由于鳜容易徒手捕捉，且售价高，因此，在饲养过程中要做好防盗工作以免出现经营上的损失。

二、网箱养殖

1．网箱的设置和放养

网箱养食用鳜，可在河流、水库、灌溉渠道、小河涌等水域内设置网箱。网箱规格一般为3×3×2.2米，放养密度视水质环境好坏而增减，一般每平方米放养个体6～10厘米的鳜鱼种60尾左右。要求在同一网箱内放养的鳜鱼种规格一致。放养前期鱼体小，若投喂个体2厘米以上的鲢、鳊、鲂鱼苗作饵料鱼时，应使用网目为0.6厘米的网箱；后期鱼长大后，若投喂4～5厘米以上的饵料鱼时，可改用网目为1.5厘米的网箱。约经160天的饲养期，每平方米可收获鳜商品鱼56尾左右，重25.4公斤，成活率93％左右。

2．饲料鱼投喂

投喂饵料鱼个体规格应随鳜的生长而增大，一般按饵料鱼规格为鳜体长的50％～60％来选择饵料鱼，每天投喂饵料鱼重量约为鳜总体重的5％～10％。养殖前期，鳜鱼种规格小，网箱中存鱼量不多，可按投喂量每2～3天投喂1次饵料鱼；养殖中后期，鱼长大后，因网箱内水体载鱼承受力有限，改为每天投喂1次饵料鱼。尽可能在鳜摄食最活跃的傍晚前1～2小时投喂。每生产1公斤鳜鱼，约需消耗饵料鱼5.5公斤。

3．日常管理

日常管理主要是洗刷和检修网箱、防浮头、防病和防逃等。

（1）网箱因长期浸泡在水中，常着生海绵、青泥苔等，日积月累会堵塞网眼，严重时会妨碍箱体内外水的交流，因此必须定期洗刷网箱。一般每40天洗刷1次，洗刷时用一个备用网箱转箱装鱼以替换需要洗刷的网箱，洗刷干净后，再换洗下一个网箱。并定期检修网箱，以免逃鱼。

（2）若设置网箱的小河涌缺少流动水源，溶解氧条件稍差，为了避免缺氧，还需设置增氧机备用，根据天气变化、鱼类动态，及时开动增氧机，以促进鳜的生长和保证鳜的安全。

（3）及时防治鱼病。

第六节　病害防治

1. 暴发性死亡症

鳜在饲养过程中病害最大的是暴发性死亡症。该病一旦发生，在1周内饲养的鳜几乎全部死亡。该病初步认为是由病毒引起，由于目前尚未有特效药物能有效控制该病的发生及发展，加之鳜食性的特殊性，因此防止该病的发生已成为鱼病防治的中心问题。在生产中，采用生态防治的方法可最大限度地防止暴发性死亡症的发生。保持水质稳定，平时多用石灰特别是大雨后用石灰调节水质，使池塘中 pH 值稳定。

在该病流行季节 7～10 月，尽可能少换水，以免大量换水时鳜兴奋产生应激引发鱼病。同时投喂饵料鱼的量适当减少，使鳜在捕食时得到充分的运动以提高抗病力。

保持池水油绿色，使池塘有充足的氧气。一旦发现池水开始变浑，即用鱼宝泼洒（每亩用药 100ml/L 米水深）。

及时发现并杀灭寄生虫，防止细菌病的发生，防止因细菌及寄生虫病使鳜体质下降而引起病毒病的暴发。

适度放养，避免为追求盲目高产而使生态环境受到破坏。

2. 细菌性烂鳃病

病鱼鳃上出现缺损并带有污泥，鱼体色发黑，在水面独游。

防治方法：

每亩水深1米用红霉素 100～150 克全池泼洒。

每亩水深 1 米用漂白粉 400～500 克全池泼洒，次日用生石灰 15～20 公斤全池泼洒。

3．肠炎病

肠炎病在鳜鱼苗种培育中比较少见，目前尚无病例。主要症状：鳜幽门后部直肠到肛门充血红肿，镜检未发现虫体，早期排丝状淡黄粪便，晚期整个肠腔肿胀，显紫红色，排泄物浓液状，不久离群独游死亡。其病因初步认为：饵料鱼不洁带有病菌、饵料鱼规格过大、鳜饥饿时抢食过猛擦伤肠壁等因素所致。

防治方法：

做好饵料鱼消毒工作，投喂时先用 10％ 食盐水浸洗饲料鱼体。

选择适口饵料鱼，其规格控制为鳜体长的 50％～60％。

及时清除病、伤、残、弱饵料鱼，杜绝传染病源。

4．水霉病

主要危害鱼卵和早期鱼苗，是影响孵化率的主要病害。由于鳜的胚胎发育时间较长，卵膜比一般养殖鱼卵膜厚，脱膜后不易分解，加之卵粒附有少许油球和存在未受精卵粒。一旦遇到低温即易感染水霉。据观察受精卵感染水霉后停止发育，如不及时诊治，霉菌大量生长使卵粒形成白色绒球状后胚胎死亡，并感染其他鱼卵。在霉菌感染早期，若及时诊治，胚胎继续发育，这在其他鱼类中比较少见；苗期因操作不慎使鱼体受伤也易感染该病。

防治方法：

加强亲鱼培育，提高卵子质量，增加卵子抗病能力和有较高的受精、孵化率。

鳜产卵后，受精卵用 2 ppm 的孔雀石绿浸洗消毒。

鱼脱膜有游泳能力后，及时清除坏卵和卵膜。

孵化期间每天用 1 ppm 的孔雀石绿、1.5 ppm 的高锰酸钾、2％～3％ 的食盐水在环道内各泼洒 1 次。

5．原虫病

原虫病是鳜鱼种苗阶段危害最大的病害，主要由车轮虫、斜管虫、隐鞭虫等寄生虫引起。它们大量寄生使鳜鱼种在短期内暴发性死亡，危害十分严重。据镜检观察：车轮虫主要寄生鳃丝上，破坏鳃组织，使鳃丝失血肿胀。在两鳃丝间寄生 8～10 个虫体，即失去呼吸功能；斜管虫主要寄生头部、皮肤、鳍条及鳃，使鱼体表无黏液，体色变为灰白，鳍条充血腐烂失去游泳、捕食能力。一般情况下，车轮虫和斜管虫同时寄生。出现上述症状时，鱼体头上尾下，在水中旋转翻滚、离群独游，失去平衡和捕食能力而死亡。

防治方法：

做好水源消毒工作，保证池水清新、溶解氧充足。

用 0.5 ppm 的硫酸铜和 0.2 ppm 的硫酸亚铁或 1 ppm 的孔雀石绿全池泼洒。

发病时用 100 ppm 的甲醛或 20 ppm 的新洁尔灭浸洗鱼体 5～10 分钟。

用土池塘培育鱼种时，每亩水深 1 米用苦楝叶 15～20 公斤可治疗原虫病。

6. 锚头鳋、中华鳋病

锚头鳋主要寄生体表，使鳜鱼体消瘦，失去平衡、游泳和捕食能力；中华鳋主要寄生鳃部，破坏鳃组织，影响呼吸功能。病因是投喂的饵料鱼本身带菌和水源消毒过滤不彻底。

防治方法：

①做好水源和饵料鱼消毒处理工作，杜绝传染源。

②每亩水深 1 米用鱼宝 100 ml 全池泼洒。

第六章　黄喉拟水龟的养殖

黄喉拟水龟，俗称石龟、石金钱、香乌龟。分类上隶属龟鳖目、龟科、拟水龟属。国内分布于江苏、浙江、安徽、广西、广东、海南、福建及台湾，国外分布于越南。黄喉拟水龟营养丰富，而且具有较高的观赏与药用价值。近年来，由于生态环境的破坏以及人为的滥捉滥捕，其数量急剧减少，有些省份已拟将黄喉拟水龟列为保护动物。开展人工繁育及养殖是保护该物种的重要途径之一。黄喉拟水龟的人工繁育及养殖已有成功的先例，在广东、广西，已有多个具规模的养殖场在进行黄喉拟水龟的繁育与养殖。由于近年甲鱼行情下跌，许多甲鱼养殖户已转向养殖黄喉拟水龟。

第一节　经济价值

一、食用价值

黄喉拟水龟营养丰富，味道鲜美，在安徽、江浙一带有香乌龟之称。它具有较高的食用价值，俗称的"龟身五花肉"即是指龟肉有牛、羊、猪、鸡、鱼等五种动物肉的营养和味道。龟肉是宴席上的名贵佳肴。龟卵浸酒，有强身健体之功效。

二、药用价值

除食用价值外，黄喉拟水龟的最大价值莫过于药用。龟甲、龟板是传统的名贵药材，它富含骨胶原、蛋白质、钙、磷、脂类、肽类和多种酶。据中医临床证明，龟板具有滋阴降火、潜阳退蒸、补肾健骨等功效。龟肉具有强肾补心的作用，主治病后阴虚血弱、筋骨疼痛、久咳咯血等症，尤其对小儿生长虚弱和产后体虚、脱肛、子宫下垂等有疗效。龟胆主治痘后目肿，经血不开。龟骨主治久咳。龟皮主治血疾及刀箭毒，煮汁饮，解药毒。龟尿滴耳治聋。

三、观赏价值

黄喉拟水龟除具有食用、药用价值外，尚有较高的观赏价值。绿毛龟主要是由黄喉拟水龟制作而来。绿毛龟在龟类中与白玉龟、蛇形龟、二龟一并称为"四大奇龟"。最常见的绿毛龟仅背上有绿毛，称为"天缨"；龟壳背腹面均有绿毛者，称为"天地缨"；头顶和背甲均有绿毛者，称为"牡头"；若头顶、背甲和四肢都有绿毛者，则称为"五子夺魁"，是绿毛龟的珍贵品种。

第二节　生物学特性

一、形态特征

体长，椭圆形，前部略窄，后部略宽，中部稍内凹。头中等大小，吻较尖突，头背光滑无鳞，鼓膜圆形。背甲隆起较小，有三条纵棱，中央背棱明显，两侧棱不清晰。腹甲较大，略与背甲之长相等；雌性腹甲平坦，雄性沿腹甲中线具纵凹陷；甲桥明显。四肢扁圆，前肢5爪，后肢4爪，指、趾间具全蹼。头侧自眼后至鼓膜上方有一条窄的黄色纵纹，头背及两侧橄榄色，背甲、四肢外侧、腹甲、尾的腹面及裸露皮肤部分均为橘黄色，腹甲各盾片上有对称的棕黑色斑块。

二、生活习性

野外生活于河流、稻田及湖泊中，也常到附近的灌木及草丛中活动。杂食性，喜食鱼、虾、螺、蚌、蜗等动物性饵料，也吃部分嫩植物。每年5~10月为繁殖期，11月中旬至翌年3月底为冬眠期。在广东，繁殖期为4月底至8月底，12月中旬至翌年2月底为冬眠期。

第三节　繁殖技术

一、种龟的选择与饲养

1. 种龟的选择

黄喉拟水龟的性成熟一般要5年以上。如果是野生的黄喉拟水龟，只要有450克以上，一般都可用作种龟。雄性的黄喉拟水龟背甲较长，腹甲中央凹陷，尾较长，肛门离腹甲后缘较远。雌性背甲宽短，腹甲平坦，尾短。

选择种龟时，雌雄比例以2:1为佳。这样可保证较高的受精率，同时又较为经济。种龟要选用健康、无伤、无病的个体。如龟板、皮肤有伤或发炎的，眼睛角膜有白衣、混浊的，吻端、鼻孔、颈部、四肢红肿的，均不可选用。龟板、皮肤有光泽、头颈伸缩、转动自如，爬动时四肢有力，无外伤，身体饱满者可选用。

2. 种龟的饲养与管理

种龟饲养是龟类繁育中极为重要的一环。加强管理是繁育的重要组成部分。

种龟池　种龟池为水泥结构，池底坡度约 25°。龟池分三部分，下部为水深 30 cm 左右的蓄水池；中部为喂饵及活动场；上部为铺放有细沙的产卵场。产卵场上有顶遮盖，用以遮阳及挡雨水。水池放水浮莲，约占池面的 1/4 ~ 1/3。活动场上可种植部分花草植物。种龟池上拉一遮阳布，为种龟营造阴凉、安静的环境。

龟池、种龟消毒　种龟购进前要进行全面清池，以清除池中的有害、有毒物质，杀灭池中存在的各种病原体。常用药物为漂白粉和高锰酸钾。漂白粉用水溶解（浓度为 20 ppm）全池泼洒即可。高锰酸钾浓度为 15 ppm，全池泼洒。

种龟消毒常用的方法是药浴法，可用高锰酸钾、孔雀石绿及呋喃唑酮。高锰酸钾的药浴浓度为 15 ppm，浸泡 30 分钟。孔雀石绿为 5 ppm，浸泡 30 分钟。呋喃唑酮为 25 ppm，浸泡 30 分钟。

种龟放养与管理　种龟按雌雄比例 2：1 放入龟池，放养密度为每平方米 3—5 只。新购进的种龟，因生存环境的突然改变，不会立即取食，一般在三天后才开始摄食。饵料以动物鲜活料如小鱼、虾或家禽家畜的内脏为主，配以部分蔬果如苹果、蕉类、嫩菜等。

当温度超过 15 ℃时，黄喉拟水龟开始摄食。20 ℃以上时，取食转入正常。此时已进入雌龟生殖腺发育的关键时期，必须每天定质、定量、定时、定位投喂。饵料要新鲜，不能使用腐败变质的。投喂量以龟吃剩一点点为准。每天喂的食物放在固定的陆地位置，使种龟养成定点摄食的习惯。气温在 25 ℃以下，每日投喂一次，投喂时间以下午 3 时为佳；气温在 26 ℃以上，每天投喂二次，上午一次在 7：00，下午一次在 6：00。

二、产卵与孵化

在广州，黄喉拟水龟于每年的 4 月底开始产卵，高峰期在 5~6 月，8 月底结束。一年可产卵多次，每次产卵 1~7 枚不等，平均窝卵量为 2.5 枚。

1. 产卵前的准备

在龟的产卵季节来临之前，要对产卵场进行清理。在 4 月中旬，应做好产卵前的准备工作，清除产卵场的杂草、树枝、烂叶，将板结的沙地翻松整平。产卵场周围种植一些遮阳植物或花卉，使龟有一个安静、隐蔽、近似自然的产卵环境。孵化房用福尔马林加热熏蒸消毒，杀灭房中有害昆虫，孵化用沙可用药物水浸消毒，清洗干净，然后在太阳下曝晒或烘干。采用的孵化用沙最好直径在 0.6 毫米左右，太小通气性能差，容易板结，造成卵缺氧而使胚胎死亡；太大，保水效果不好，含水量不易控制。产卵场和孵化房均要防止鼠、蛇、猫等动物进入。

2. 产卵

黄喉拟水龟在 4 月至 11 月均有交配行为，尤以 9~10 月最盛，水中或陆地均可，尤以水中居多。交配前，雄龟追逐雌龟，咬住雌龟的脖子，前肢抓着雌龟背甲的前两侧，后肢则抓着雌龟背甲的后两侧，跟着雌龟在水中翻动或在陆地上爬行。雌龟不动时，雄龟则伏在雌龟背上交配。时间约 10 分钟。

4 月底或 5 月初，黄喉拟水龟开始产卵。产卵多在夜间或黎明。雌龟产卵前，爬进产卵池中选择合适的位置并开始挖穴。前肢固定身体，后肢轮换挖沙，尾巴帮助扫沙，头颈前倾并时时注意周围动静。洞穴挖好即开始产卵。产完一枚卵即用后肢把穴内卵排好。产完卵便盖穴。用后肢将沙扒入穴内，用身体后半部的重力压实穴口，并扒平穴的周围，然后离开。无护卵行为。

黄喉拟水龟在 5~6 月份的产卵量最大，占 76.3%，窝卵量 1~7枚，以每窝 2~3 枚为多，占 58.4%。卵重 10~20 克，平均 14 克，长径 3.41~5.53 cm，短径 1.75~2.67 cm。

3. 龟卵的采集

在繁殖季节，晚上注意观察，留意龟扒穴的地点，以便第二天采卵。雌龟产完卵后，会留下痕迹。在产卵点，即在直径约 15～20 厘米的圆形区域，会有沙土翻新的痕迹，同时有龟走动时留下的足迹。认定是产卵穴后，用手轻轻将上层的沙扒开，如果见到龟卵，小心取出或先用竹签做好标记，过 1～2 天后再收集。

受精龟卵在卵壳中部有一圈明显的乳白色带，而未受精卵则没有这一特征。收卵时，首先将收的受精卵放在预先准备的塑料盆内，盆内放有孵化用沙，沙的厚度在 2.5 厘米以上，沙中含 5%～10% 的水分，将卵插入沙中。收卵时动作要轻，否则易挤破受精卵，造成损失。另外，龟卵没有蛋白系带，应避免大的震动或摇晃。收卵时间最好在清晨，切忌在温度最高、太阳最猛时操作。

产卵场每天喷水一次，每周要全面翻沙一次，将没有被发现、遗漏的卵捡出。

4. 龟卵的孵化

以泡沫箱或木箱作孵化器进行人工孵化。泡沫箱箱壁需钻孔透气。铺设 10 cm 深的沙子。埋蛋深度 3～4 cm。200 cm^2 的箱子可置卵 50 枚左右。沙的湿度为 5%～10%，以手握沙成形、落地即散为准。沙内若含水量太高，容易积水，阻止氧气进入卵内，胚胎会因缺氧而死亡；太干，容易引起胚胎失水而死。要提高龟卵孵化率，保持适宜的湿度是关键。卵放置好后，应插一标签，注明日期、数量。

孵化期间，温度维持在 25～32 ℃之间。定时对沙喷水，室内相对湿度保持在 80%～93%。运用介绍的方法及条件，黄喉拟水龟的受精卵经 54～112 天的孵化，就可孵出稚龟。平均孵化时间是 73.8 天，从受精到孵化，以时间为单位所需的温度总和计算积温，黄喉拟水龟所需积温约为 49 600 ℃/小时左右。孵化率为 84.2%。稚龟出壳时，先用吻部顶破卵壳，最早是一小小的孔，后不断扩大，伸出头部，接着前肢伸出，然后用前肢支撑整个身体，奋力向外挣脱，最后成功出壳。

刚孵出的稚龟应放入专门的盆中，盆中盛有湿沙及湿布，待稚龟卵黄吸收干净后转入稚龟暂养阶段。

第四节　稚龟的培育

一、稚龟的暂养

黄喉拟水稚龟在每年的八九月份孵出。刚孵出的稚龟体重在 6.4～13 克之间，平均 9.75 克。卵大，孵出的稚龟也大；卵小，则孵出的稚龟也小。刚孵出的稚龟应放入专门的盆中，盆中盛有湿沙。一层黑色的湿布盖着稚龟。一般需 2～3 天稚龟的卵黄才会吸收干净，这个阶段不需喂食。稚龟卵黄吸收干净后就可转放入大胶盆中暂养。移人胶盆时，稚龟要用 1 ppm 的高锰酸钾溶液浸泡消毒。0.2 米^2 的胶盆可放养 45 只稚龟。盆中水位以刚浸满龟背为好。每日换水一次。开始一个星期用熟鸡鸭蛋黄或碎猪肝饲喂，一星期后可改用碎鱼肉或鳗料饲喂。投饵量以稚龟吃剩一点为准。喂食宜在上午和傍晚进行。稚龟转食鱼肉后不久就可转入稚龟池饲养。

二、稚龟池的建设

稚龟池主要用于培育稚龟及幼龟。稚幼龟个体小，体质较弱，因此最好专池饲育。稚龟池一般为水泥结构，池底具坡度使之 3/4 为水池，水深 20～40 cm，1/4 为陆地。龟池上方宜拉遮光布遮阳。黄喉拟水龟喜欢水，平常多在水中活动。水池中宜放些水浮莲，约占水面的 1/3。水浮莲可为稚龟提供隐蔽的地方，同时可吸收水中有害物质，在炎热的夏天可吸收大量的太阳辐射热能，降低水温。陆地为活动场和食台，是龟摄取食物及活动的地方。稚龟池从 5 米^2 到 50 米^2 均可，大小可以因地制宜或视生产规模而定。池内要搞好进排水系统，进出水口要设防逃栅栏，有条件的还可在池上罩铁丝网以防蛇、鼠、鸟、猫等敌害生物的侵袭。稚龟进入之前，龟池要彻底消毒，一般用 15 ppm 的高锰酸钾浸泡全池，冲洗干净后回水即可放养稚龟。

三、稚龟的放养及管理

稚龟入池前要用 1 ppm 高锰酸钾溶液或 5% 的盐水浸泡消毒 10 分钟左右。放养密度以 80～100 只/米^2 为宜。以动物性饵料如鱼、虾、螺、蚌、畜禽内脏等为主，植物性的瓜果、蔬菜及谷物等为辅，也可喂食蛋白含量在40%左右的专门配合饲料。日投饵量一般为稚龟体重的8%～10%，如是配合饲料则为龟体重的5%～6%，以吃剩一点为准。分早、晚两次投喂。饲料放在陆地上，剩饵要及时清除。投饵应做到定时、定量、定质、定点。稚龟池水不宜太深，一般在30～40厘米。养殖过程中视水质状况定期换水，一般2～4天换水一次。定期用高锰酸钾或漂白粉溶液对水池及稚龟进行消毒以防病害发生。

如果稚龟池的水体面积较大，可以鱼龟混养。每平方米放养稚龟30～40只，另可适量搭配鲢、鳙、鲤、鲫、罗非鱼中的某些品种。

8月底孵出的黄喉拟水龟稚龟，饲以杂鱼肉，经3个月，平均个体体重从9.75克增至23.14克，个体净增重13.29克，日均增重0.149克。最大个体可达40克。一般而言，孵出个体大的生长较快，个体小的生长较慢，越往后差距越大。在广州地区，随着气温、水温的逐渐下降，到12月份进入稚龟的越冬管理阶段。

四、稚龟的越冬及管理

当水温下降到15℃时，就要准备稚龟越冬。目前越冬的方式主要有自然越冬与温室越冬两种。

1. 自然越冬

稚龟在越冬前应强化培育，使其个体尽量大，积累足够的营养物质以抵御越冬期间能量的消耗，提高越冬成活率。越冬池应选择在阳光充足、避风向阳、环境安静的地方。越冬前要对池及龟用高锰酸钾溶液进行消毒。水池内可以放入一些泥沙，让龟掘穴冬眠。水池水位保持恒定，上面放些水浮莲，占水面1/3。如果气温太低，可在水池上方覆盖薄膜保温。龟在冬眠时不用喂食。要保持环境的安静，以免龟受到惊扰，增加能量的消耗而降低成活率。在广州地区，冬季的气温在4～20℃之间，真正全日气温在10℃以下的只有1～2个星期。在自然状态下，黄喉拟水龟多数时间处于半冬眠状态，在中午气温高于15℃时也会摄取食物。作者曾经做过试验，挑选体格健壮、体重18克以上的稚龟，在广州地区，未采用任何保温措施的条件下室外自然越冬，成活率达100%，且轻微增重，生长率为正值。

2. 温室越冬

目前在龟鳖类的养殖中多采用加温的方法来进行快速养殖。在加温饲养的条件下，甲鱼15个月、乌龟18个月即可达到商品规格。个体较小的黄喉拟水龟宜在温室中过冬，通过加温改变龟的冬眠习性，促进生长。当进入冬季，气温、水温下降时，将室外饲养的稚龟移入室内水池加温继续饲养，保持水温在25～30℃之间。加温的方式有多种，如温泉水或工厂余热水加温、锅炉加温、电加温等。若是温泉水或工厂余热水加温，可经水质化验确认无毒后采取对水调温方式加温，否则应通过管道加温。电加温一般为电热器直接加温池水。锅炉加温多为循环管道式加温。用哪种加温方式，依各自的条件和能力而定。加温饲养期间，正常投喂，投喂方法与过冬前一样。因加温池的面积较小，饲养密度大，水位浅，水温高，水质极易恶化，造成水体缺氧及 H_2S、NH_3，等有害气体增多，容易引起稚龟中毒。在高温高湿环境容易引起疾病。因此水质管理是温室养殖中相当重要的一环。具体管理措施是：（1）每两天换水一半。一则保持水温，二则加注部分新水。（2）每周全部换水一次。排出全池水，清池，100 ppm 生石灰水泼洒、浸泡。清洗后加注新水，然后用 10 ppm 漂白粉全池泼洒。（3）水池中 1/4～1/3 的水面放些水浮莲，既净化水质，又可作为龟的隐蔽场所。另外，为排除室内的污浊空气，为龟营造清新环境，每天应排气 1 次。

有资料显示，乌龟稚龟在水温为30℃的温室中经2个月的养殖平均体重由4.21克增加到40.91克，每只平均增重36.70克，成活率87%。作者以黄喉拟水龟稚龟做的试验也显示了类似的结果，成活率为97%。温室饲养时，应做好各种记录如取食情况、药物使用、消毒、空气温度、湿度、换水、水温等，以便能及时发现问题及时处理。

经过一个冬天的饲养，当室外温度已达 20℃以上，水温达15℃以上时，恒温室可逐渐降低温度，直至与外界温度大致接近。此时大部分的稚龟已长成 50 克左右的幼龟，可转入成龟池中饲养。

第五节 成龟养殖

一、成龟饲养池的建造

成龟的养殖方式可分为单养和混养。养殖方式不同，饲养池的要求也不同。一般单养使用水泥池，混养则使用池塘。

1. 单养用的水泥池

水泥池的面积可因地制宜或以生产规模而定，一般以 50 ~ 100 米² 为宜。池深 1 米，水深 40 ~ 50 厘米。池可建成长条形，一边为水池占 3/4，一边为陆地占 1/4。陆地从常年水位线处以 30°倾斜与水池相接，便于龟上陆地活动及摄食。食台就设在陆地上。陆地上应有 50 厘米高的防逃墙。池内要搞好进、排水系统。进出水口要设防逃栅栏。在盛夏，宜在水池上拉一遮光布遮阳。水池放些水浮莲，为龟提供隐蔽场所，同时吸收水中有害物质及大量的太阳幅射热能。

2. 混养用的池塘

目前成龟的饲养多为龟鱼混养。进行龟鱼混养的池塘面积可大一些，以每个池塘 1 ~ 4 亩为宜。总体养殖规模视生产计划而定。养殖场所要求开阔向阳、水源充足、无污染。池塘一般为长方形，分水池与滩面两部分。水池占 3/4，滩面占 1/4。滩面以 25°~ 30°的坡度与水池相接。水池深 2 ~ 2.5 米，常年保持水深 1.5 米。进水和排水系统分列，自成体系，排灌自如。滩面上铺 20 ~ 30 厘米厚的细沙。池塘四周留宽 1 米左右的空地。其上亦铺细沙 20 ~ 30 厘米厚。外围用砖石、锌铁皮或石棉瓦等砌 60 厘米高的防逃围墙。墙内面要光滑。在滩面与水池相接处设数个平台作饵料台。池的进出水口处设栅栏，以防止龟鱼的逃逸。

二、龟的放养

开春后，当水温稳定在 15 ℃以上时可放养 50 克以上的幼龟。单养的水池其放养密度可控制在 2 ~ 3 公斤/米²，即 50 克左右的龟种放养 40～60 只/米²，500 克左右的龟放养 4～6 只/米²。龟鱼混养的池塘放养密度可控制在 250～350 公斤俑，小龟可多放，大龟可少放。如 50 克左右的龟种可放 7～8 只/米²，100 克左右的可放 4～5 只/米²，养成成龟约 1 300 只/亩。龟鱼混养池中鱼的放养多在春节前进行，主要以鲢、鳙鱼为主，适当放养些底层鱼类如鲫、鲤鱼。鱼的放养量以亩计算，每亩放鲢鱼 100 尾，规格 50～100 克；鳙鱼 100 尾，规格 50～100 克；草鱼 200 尾，规格 100～250 克；鲤鱼 40 尾，鲫鱼 100 尾，罗非鱼 100 尾。一般地，池内龟多可少养鱼，龟少则多养鱼。

三、饲养管理技术

1. 水池单养的饲养管理

成龟的生长季节主要在每年的 5～9 月份。在这段时间里，气温、水温较高，阳光充足，龟的代谢最为旺盛。黄喉拟水龟的饵料以动物性为主，如动物内脏、鱼、虾、蚌、螺等均是龟喜欢的食物，同时辅以部分蕉、果或蔬菜。也可投喂蛋白含量在 40% 以上的配合饲料。饵料放在陆地食台上，每天喂食 2 次，早晚各一次。日投喂量：鲜活料为龟体重的 4%～5%；配合饲料为龟体重的 2%～3%。据作者测定，喂鱼肉的饵料系数为 5～6。有资料报导，以甲鱼饲料为主再添加部分植物性营养的配合饲料的饵料系数为 3.21。每天吃剩的饲料应清除并将食台清洗干净，以免食物腐烂变质，引发疾病。饲喂要做到定时、定点、定质、定量。保持龟池环境的安静。龟非常胆小，外界的轻微刺激会使它长时间不食不动，影响生长，所以应尽量减少人员的出入。

单养的龟池一般面积较小，饲养密度较大，水质管理及消毒防病显得非常重要。一般每月换水一次，同时用漂白粉 10 ppm 消毒一次。如是家庭式小面积饲养最好每两天换水一次。每天需认真观察龟的活动、取食情况，注意天气、温度、水质的变化。发现水质过肥，要及时加注新水或换水。发现病龟应及时捡出，及时诊断，及时治疗。

2. 龟鱼混养饲养管理

龟鱼混养具有以下优点：①龟以肺呼吸，不与鱼争氧。由于龟的上下频繁活动，可增大水体中的溶氧量，减轻或避免"泛池"的危险。②鱼类可以摄食龟的残饵及粪便，龟的排泄物可以肥水，为鱼提供一定的生物饵料。③龟是杀食性爬行动物．对生病而游动迟缓的鱼能及时消灭，减少传染性鱼病的发生。④以鱼养龟，以龟促鱼，实行龟、鱼混养，能充分利用水体，提高单位水体的经济效益。

在龟鱼混养的饲养管理工作中应注意以下几点：①龟喜清洁，对水质反应较敏感，肥水会对其产生影响，故龟放养后禁止施肥水。夏季高温，要勤换水，既要保持一定的肥度，也要保持水质清新。②龟、鱼饵料分开投喂。龟的饲料可以是动物性鲜活料，如动物内脏、鱼、蚌、螺等，加上植物性的蕉、果、蔬菜等，动物性与植物饲料的比例为 7：3；也可以是人工配合饲料，现多采用以甲鱼饲料为基础再添加一些其他成分，蛋白含量在40％左右，日投喂量及投喂方法与水池单养时相同。③勤巡塘，多查看，掌握龟、鱼的生长情况，防止浮头、泛池。如发现问题，尽早解决。

龟行动缓慢，防御敌害能力弱，平时要铲除池塘周边草，堵塞蛇、鼠洞，防范蛇、鼠敌害。

第六节　疾病防治

龟在自然生境中，自身的抗疾病能力很强，一般不会患病。龟病的发生主要由三个因素造成，它们是龟机体、外界环境、病原体。如果龟在恶劣的环境下生存，病原体容易滋生，当龟抵抗力下降或失去抵抗力时，龟病就易发生。所以要防止疾病的发生，应主要在改善外界环境、清除病原和提高龟的抗病能力上下功夫。

龟虽然对疾病的抵抗力较强，但饲养人员仍需多留意对龟窝内、外的龟进行检查。若发现有不大正常的龟应及时捡出隔离，以免交叉传染，并对水、陆地、龟窝进行消毒。处理死龟应小心，将死龟埋在离龟场较远的地方，使用的工具应进行消毒，切忌将死龟放进存放饲料的冰柜中，以免污染食物。

黄喉拟水龟常见的疾病主要有以下几种：

一、营养性疾病

病症：病龟行动迟缓，常浮于水面，食欲降低，最后拒食死亡。病重时腹部散发出臭味，肝脏变黑、肿大，表皮下出现水肿，体变厚重，身体较隆起，四肢根部肌肉无充实感，用手按压感觉细软无弹力。

病因：超量投喂和使用了变质的肉类、干蚕蛹等高脂肪饲料，造成变性脂肪毒素在体内的大量积存，致使肝及胰脏中毒，代谢失调。

防治：不要投喂高脂肪饲料，不要投喂腐烂变质的饲料；在饲料中加入适量的 B 族维生素和维生素 C、E；不要投喂贮存时间过长的干蚕蛹。

二、腐甲病

病原：病原体为细菌，种类待鉴定。

病症：龟背甲的一块或数块角质盾或稚盾腐烂发黑，严重时腐烂成缺刻状。腹甲亦有腐烂，均在边缘部分。

防治：外用 10% 的呋喃西林涂抹患处；加强饲养管理，经常喂动物肝脏，加强营养，提高抗病力；改良水质；内服维生素 E，每 50 千克龟每天 3.0～4.5 克，连服 10～15 天。

三、肤霉病

病原：水霉菌、绵霉菌、丝囊霉菌等多种水生真菌。

病症：龟体机械性损伤或因其他原因而受伤时，水霉菌及绵霉菌便侵入伤处。患病龟日渐消瘦，食欲减退，患处有灰白色的菌丝体，严重时腐烂、充血。此病在越冬后期的春季多见。

防治：龟在运输、放养时操作要小心，防止机械性损伤，并在越冬前进行龟体寄生虫的杀灭处理；用 400～500 ppm 的食盐和 400～500 ppm 的小苏打合剂对容器及病龟进行浸浴消毒，或对养殖池进行全池泼洒消毒，用 1% 孔雀石绿涂抹患处，经 3～4 天后再用药一次。

四、白眼病

病因：水质碱性过重，眼、鼻受刺激发炎，继而细菌感染所致。

病症：病龟眼部发炎充血，逐渐变为灰白色而肿大，鼻黏膜呈灰白色，严重时双目失明、呼吸受阻而死亡。发病后，病龟常用前肢擦眼部，不能摄食。

防治：用 20～30 ppm 呋喃唑酮涂抹眼部，每天 3～5 次，或涂眼药膏，或滴眼药水；1.5～2.01 ppm 的漂白粉全池遍洒消毒，20～30 ppm 呋喃唑酮浸洗病龟，每天一次，连续 3～5 天；1.5～20 ppm红霉素全池遍洒杀灭水中的病原体。

五、颈溃疡病

病原：病毒及水霉菌并发。

病症：病龟颈部肿大、溃烂，并伴有水霉菌着生。发病后龟的食欲减退，颈部活动困难，不吃不动。治疗不及时会引起死亡。

防治：用5%的食盐水浸洗患处，每天 3 次；用土霉素、金霉素等抗生素药膏涂抹患处；隔离病龟以免传染；每千克龟注射卡那霉素 10～12 万国际单位；改良水质，用 2.51 ppm 的漂白粉全池遍洒消毒。

六、肠胃疾病

病原：点状产气单胞菌、大肠杆菌等。

病症：食欲不好，食量减少或停食，粪便稀软不成型，色呈红褐色或黄褐色。腹部和肠内充血，反应迟钝。

防治：在饲料中拌入抗生素或磺胺类药物投喂，第一天每公斤病龟用药 0.2 克，以后减半；保持水质清洁，用 0.5～0.8 ppm 的强氯精全池遍洒。

七、穿孔病

病原：嗜水气单胞菌、普通变形菌、气单胞菌、产碱菌等。

病症：初期在背甲、腹甲、四肢等处出现小疖疮，疖疮逐渐增大，病灶中间为乳白色或黄色，病灶四周发炎充血，如用镊子将疖疮揭去，可见一个孔洞，严重时可见到肌肉。

防治：改良水质，水体保持 pH 值 7.2～8.0；2.5% 食盐水或 15～20 ppm 高锰酸钾浸洗病龟 20 分钟；卡那霉素注射，每千克龟 10～12 万国际单位；内服呋喃唑酮，每千克龟用药 30～40 克，每天一次，连续 6 天；内服维生素 E，用量与防治腐甲病相同。

八、水蛭病

病原：金钱蛭、陆蛭等寄生虫。

病症：主要寄生在皮肤较薄的部位。龟被寄生后，反应迟钝，精神不振，伴有焦燥不安。容易引起龟贫血、营养不良、病菌感染甚至死亡。

防治：泼生石灰 40～50 ppm；用 1 ppm 晶体敌百虫、0.7 ppm 硫酸铜、10 ppm 高锰酸钾等全池泼洒。将感染的龟放入 2%～3% 的食盐水中浸泡 30 分钟左右。

九、环境疾病

病因：水质污染，水体氨、硫化氢、甲烷、二氧化碳等过多及外源性中毒。

病症：病龟头伸出水面呼吸，身体直立水中挣扎，不久死亡。水表可以嗅到腥臭味或恶臭味。

防治：定期换水，经常清除污染物和排泄物；用漂白粉 1.0～1.2 ppm 全池遍洒。

第七章　山瑞鳖的养殖

山瑞鳖是我国南方的名贵水产品种之一。由于山瑞鳖的经济价值较高，人们受利益驱使，对山瑞鳖进行滥捕滥杀；加上自然环境的污染，致使产区的野生资源急剧减少并且日益枯竭。为保护这一珍贵品种，我国已将其列为二类保护动物。为满足国内外市场需要并保持生态平衡，许多地区都进行了山瑞鳖的人工繁殖和人工养殖的研究。目前山瑞鳖的人工繁殖和人工养殖在广东、广西均已成功，但养殖规模及范围尚小，有必要大力发展，特别是南方气候温和、雨量充沛、水域众多，人工养殖山瑞鳖的条件比较优越。开展山瑞鳖的养殖，无疑是开辟致富的新门路。

第一节　经济价值

山瑞鳖是一种营养丰富、味道鲜美、滋补功能较强的高级名贵水产品，深受国内外消费者的喜爱。山瑞鳖价格昂贵，为甲鱼的数倍，目前每公斤山瑞鳖价格超过 200 元。山瑞鳖不仅是酒楼、宾馆宴席上的佳肴，而且能治疾病，具有较高的药用价值。与甲鱼一样，山瑞鳖的甲、头、肉、脂、血、胆均可入药，鳖甲中含有丰富的动物胶、角蛋白、碘、磷和维生素 D，有养阴清热、平肝熄风、软坚散结等功效。一些名贵的中成药就含有山瑞鳖甲胶成分。肉具有滋阴补血、增强体质之功效。经常食用可治伤中益气，补不足，防治肺结核发烧、久痢、妇女崩漏、颈淋巴结核等病。脂肪可治疗痔疮、皮炎、皮肉溃烂、湿疹、烫伤、便秘等。血对心脏病、头晕眼花、肠胃病、小儿疳积潮热、肺结核潮热、骨关节结核、食欲不振、消化不良、烧心下痢、便秘、脱肛、白血病、贫血、血量不足引起的四肢发凉等疾病均有显著疗效。胆汁则可治痔疮、痔瘘。

第二节　生物学特性

山瑞鳖分类上属爬行纲，龟鳖目，鳖科，俗称山瑞、瑞鱼。国内分布于广东、广西、四川、云南、贵州。国外分布于越南、夏威夷等地。

一、山瑞鳖的形态特征

山瑞鳖外形酷似鳖，但体形较大，背甲呈卵圆形。头较大，头背光滑，吻较长，形成吻突，鼻孔开口于吻突前端。眼小，吻突长与眼径略相等，两眼有棕红色圆环。颈部较长，颈基部两侧各有一团大瘰疣。背甲前缘有 1～2 排粗大疣粒，具中央脊，背甲后缘裙边宽大，其上结节大而密。四肢扁圆，指、趾具蹼，均为 3 爪。尾短但尾基宽厚。头和颈背部、四肢外侧及背甲因栖息环境不同呈橄榄色或棕褐色，并有不太清晰的黑斑数个。腹部灰白色，且有不规则的汗斑。幼体背甲表面布满疣粒，眼后有一淡黄色条纹向后延伸至颈侧，腹部浅米黄色。

山瑞鳖与甲鱼的明显区别是：山瑞鳖体形比较肥厚，背面有黑斑，大部分面积长有分布不匀但大小基本一致的疣粒，这些疣粒在后半部的边缘上较多；后半部边缘较宽厚；颈基部两侧各有一团大瘰疣，背甲前缘有一排明显的粗大疣粒。甲鱼体形比较扁薄，背面无黑斑，无疣粒，比较光滑；后半部边缘较窄薄；颈基部无大瘰疣，背甲前缘无一排明显疣粒。

二、生活习性

山瑞鳖生活于江河和山塘水库中，尤喜栖于清澈流动的山涧溪流中。其喜静怕惊，白天少活动，夜间有时到陆地上寻食。天气晴朗时，偶尔上岸晒太阳。山瑞鳖与甲鱼不同，除在繁殖期山瑞鳖上岸较多外，其他时间很少上岸，多数时间均呆在水里。其对环境适应性很强，饱餐后可维持 1 周不进食。

山瑞鳖的生长适温是 18 ~ 28 ℃，最适温度为 25 ~ 32 ℃。18 ℃以下停止摄食。当水温降至 15 ℃以下，就潜伏于淤泥中冬眠，20 ℃以上结束冬眠外出活动。山瑞鳖的冬眠期较甲鱼短。

山瑞鳖为肉食性动物，以软体动物、甲壳动物及鱼虾等为食，也摄食动物尸体。在人工饲养下可食禽畜内脏或配合饲料。

山瑞鳖 3 龄即可达性成熟。成熟的个体背甲长 23 ~ 30 厘米，宽 11 ~ 20 厘米，体重 1.2 ~ 1.4 公斤。最大个体达 9 ~ 10 公斤，通常雄性大于雌性。每年 5 ~ 9 月为繁殖期。春季水温达 20 ℃以上发情交配，交配常在水中进行。雌体在夜间爬上岸在沙泥地挖洞产卵。属分次产卵类型，每次产卵 2 ~ 28 枚。多数山瑞鳖每年产卵一次，少数 2 次。平均每窝 11 只左右。山瑞鳖产卵量少于甲鱼。卵圆形，壳硬，白色，卵径 1.5 ~ 1.7 厘米，重 7 ~ 13 克。当气温在 22 ~ 33 ℃时，受精卵约需 80 天即可自然孵出稚山瑞鳖。

第三节　繁殖技术

一、亲本的来源及选择

选择优良的亲本是人工繁殖的物质基础。如何选择亲鳖是决定山瑞鳖人工繁殖乃至养殖成败的关键问题之一，直接影响经济效益。

山瑞鳖亲本来源有二：野外捕捉所得；人工饲养的群体中挑选而得。野生山瑞鳖作亲本要求体重在1.5公斤以上。人工饲养的山瑞鳖作亲本则要求年龄在3龄以上。样本要求体质健壮、无病无伤。具体的鉴别方法是：外观体表无创伤，后缘革状皮肤厚而有皱纹且略带坚硬者为营养良好、体质健壮；头伸缩自如，将背翻转朝下，健壮个体会迅速翻过身来；将山瑞鳖放入水中，如行动活泼、反应敏捷并能迅速潜入水底者说明体质健壮。

亲本雌雄比例以3:1为好。雌雄鉴别方法为：雌山瑞鳖尾较短，不露出裙边，雄性尾较长，能自然伸出裙边外；雌山瑞鳖后肢间距较宽，雄性后肢间距较窄；雌山瑞鳖体形圆厚，雄性体形则长而薄。

二、亲本的培育

亲本的培育是人工繁殖工作的开端。加强亲本的培育是提高山瑞鳖卵孵化率的首要条件。

1. 亲鳖池

池塘要求环境安静，背风向阳，面积1~3亩，水深1.5米，池底平坦，并向出水口一侧倾斜。池底要有20厘米厚的泥沙。在池埂堤岸修建产卵场。产卵场面积以每只雌山瑞鳖占0.1~0.3平方米的沙盘计算。每个产卵场宽1.2米，长3~4米，沙深30~35厘米。沙粒径约为0.5毫米。沙盘略向产卵池倾斜，以防积水。每个沙盘之间可用高50厘米的水泥板分隔。产卵沙盘宜双数排列，以便产卵时每日开放其中一半。这样可防止隔日产的卵和当天产的混淆，便于取卵。产卵场上端用石棉瓦搭一高1.8~2米的遮阳棚。池塘四周建高50厘米高的防逃墙。墙内侧用水泥抹光滑，顶部用水泥板压成檐，檐宽 20 厘米。池塘进排水系统分列，排水处设防逃网。池塘中设数个食台，食台贴水面安置，食台近池水一侧有 1 厘米高的凸起，防止饵料滑人池内。

2. 亲鳖的放养

山瑞鳖的放养密度通常由鳖的个体大小确定。一般 2~3 平方米水面放一只，每亩水面不超过 300 只，总重量不超过 500 公斤。如放养密度过大，鳖池的水质难以控制，鳖的活动相互干扰，将会影响鳖的性腺发育和繁殖。亲本的雌雄搭配以 3：1 为佳。

3. 饲养管理

亲鳖放养的最佳水温为 15~17 ℃。放养后要进行强化培育，精心管理。水温 18 ℃以上可开始投饵。此时水温低，摄食量少，可在晴天上午 10：00 投喂，3 天一次。水温 20 ℃以上可每天一次。25 ℃以上每天分上午 9：00、下午 4：00 投喂，夏季则改为上午 7：00、下午 5：00。饵料以蛋白含量较高的动物性饵料为主，同时搭配一些蔬菜、瓜果、麦麸、米糠等植物性饵料。若投配合饵料，其蛋白含量要求在 40% 以上。投喂量以放养的亲山瑞鳖的总重量及水温来确定。水温在 20~25 ℃，人工配合饲料的日投量为亲鳖总体重的 3%~4%，鲜湿动物性饵料为 6%~8%；水温 25~30 ℃，人工配合饲料的日投喂量为总体重的 5%~8%，鲜湿动物性饵料为 10%~16%。水温适宜、天气晴朗时可多投喂些，气温下降、天气转阴雨时则要少喂。鲜湿饵料应比干饵料多投喂些。根据亲鳖的吃食情况，经常调整日投喂量以促进亲鳖的性腺发育和卵黄营养的积累。产过卵的亲鳖要精心饲养，增加营养，使其尽快恢复体质，促进性腺发育，缩短二次产卵的间隔。

亲鳖池的水质应保持清新活爽，水色呈褐绿色，透明度为 30 厘米。如发现水质变坏应及时换水。在水中适当放养一些水浮莲，既可降低水中氨氮，又可作为鳖的辅助饵料。

每天早晨巡池，将残饵清除，洗净食台，以免影响水质。经常检查防逃设备有无破损、堤岸是否坚固，发现问题应立即修补。注意防治敌害，及时消灭鼠、蛇等。

亲山瑞鳖产后也应注意管理。入秋后，亲鳖虽停止产卵，但在生殖季节体内消耗大量营养需迅速补充，故需投喂足够的饵料，增加亲鳖本身的营养和积累，以利亲鳖冬眠和促使来年开春亲鳖提前发情、交配、产卵。

三、交配与产卵

山瑞鳖喜欢在水深 0.5 米以上的安静水域中交配，不足 0.5 米水深处一般不交配。除冬眠期外，其他季节均可交配，但以 4～5 份份交配最为常见。在广州，最早交配时间为 3 月份。交配大都在晚上进行，白天也有少量交配行为。交配前，雌雄鳖互相追逐、嬉戏，交配时，雄鳖爬于雌鳖背上。交配需时 20～30 分钟。

当水温达到 20 ℃以上时，山瑞鳖便开始产卵。产卵季节来临之前，要对产卵场进行清理，清除产卵场的杂草、树枝、烂叶，将板结的沙地翻松整平，用石灰水泼洒消毒。在广州，山瑞鳖在 5 月初开始产卵，直至 8 月中旬结束，产卵期 100 天。产卵通常在傍晚或夜间进行。产卵时，雌山瑞鳖由水中爬上岸，寻找产卵点。确定位置后用前肢刨土至 5 cm 深左右，转而用后肢刨土，至洞深 15～20 厘米、直径 10～15 厘米时，稍作休息，开始产卵。卵分 2～3 层排放。产完卵，休息 10 分钟左右后填洞、压平，然后离开。全过程约 60 分钟。

山瑞鳖产卵高峰期在五六月份，占全年产卵量的 83.1%。每窝卵数在 2～28 枚之间，其中每窝 8～13 枚占总窝数的 70% 以上。多数山瑞鳖每年产卵一次，少数 2 次，低于甲鱼年产卵 2～3 次水平。

山瑞鳖卵大部分为圆形，少数为椭圆形。外层为钙化的外壳，白色或略带浅黄色，壳内有 1 层卵膜，卵膜内为卵黄和蛋清。2.5 公斤左右的山瑞鳖产的卵，重 7.21～13.45 克，平均 9.58 克，比甲鱼卵大。受精卵的特征与甲鱼一样，卵产出不久，将出现一圆形乳白色亮区，在沙温 26～27 ℃时，亮区出现时间最短 8 小时，最长 20 小时，大部分在产卵后 10～12 小时出现。移动或摇晃刚出现受精点的卵会影响其胚胎发育。最好在产卵 24

小时后再采卵，这样就不会影响受精卵的胚胎发育。

四、采卵与孵化

1. 山瑞鳖卵的采集

在山瑞鳖的产卵季节，每天清晨仔细检查产卵场，产过卵的地方多有沙土被翻松的痕迹，沙土显得较湿润，周围有放射状爪印。当发现有卵穴后，不要马上移动卵粒，只在旁边做好标记（因产卵不久，胚胎尚未固定，此时采卵会因震动而影响胚胎的发育）。一般待24小时后再采集。

采卵时，要小心地用手将覆盖的沙子扒开，手要轻，以免碰碎卵。卵粒取出后，检查受精情况，将受精卵的动物极即有白点的一端朝上，整齐地排列摆放于采卵箱内，移到孵化场进行人工孵化。每次采卵后都要将产卵场清整好。干旱季节要洒水使沙土保持湿润状态，以便山瑞鳖再次产卵。

2. 山瑞鳖卵的孵化

山瑞鳖卵一般采用人工孵化。人工孵化就是将选好的受精卵置于人工控制的温度范围内并保持沙床一定的湿度，当孵化积温值达到一定时，胚胎发育完全，稚鳖就会破壳而出。由于人工孵化鳖卵，温度、湿度均可保持相对稳定，条件适宜，因而一般孵化时间较短，孵化率也较高。

人工孵化山瑞鳖卵的方法有常温孵化和恒温孵化两种。

常温孵化一般在室内进行，无需控温设备，用木箱或其他透气的容器作孵化器。在孵化器底部铺5厘米厚的细沙，将受精卵排放其上，可排放2~3层。卵的上面覆盖3~5厘米厚的细沙。沙的含水量为7%~10%，以手握沙成形、落地即散为准。要提高孵化率，适宜的湿度是关键。沙的含水量太高，则鳖卵易闭气而死；含水量太低，则鳖卵内的水分易蒸发，卵易干涸而"夭折"。受精卵放置好后，应插一标签，注明日期、数量。在广州，自然温度下，受精卵经76~83天孵出稚鳖，孵化率80.5%。

恒温孵化又称快速孵化。即用自动控温恒温孵化房进行孵化。它与常温孵化的不同点是保持温度的恒定，其他操作一样。当孵化温度为28 ℃时，孵化时间为71~78天，孵化率为95%。

当孵化温度为 30 ℃时，孵化时间为 60 ~ 67 天，孵化率 82.9%。孵化温度达 33 ℃时，胚胎全部死亡。山瑞鳖卵孵化所需的积温为 4.48 ~ 5.22 × 104 ℃·h，明显高于甲鱼。

在孵化过程中注意日常管理，要经常检查和调节温度与湿度，温度的检查是：将两支温度计分别插于孵化的沙内和悬于空气中，每天早、午、晚各检查一次。沙子的湿度视天气干燥与潮湿程度，每天检查一次。每天洒水后，松动一下沙层，防止板结，但不要拨动受精卵。注意孵化房的空气流通，做好敌害防除工作。

第四节 稚鳖的培育

一、稚鳖的暂养

经过 80 天左右，稚山瑞鳖便可孵出。刚孵出的稚山瑞鳖重 6 ~ 7 克，卵黄尚未吸收完毕。这时不宜捉动，以免损伤稚山瑞鳖，让其在孵化器内自由爬动，无需喂食。2 天后移到另一木盆或胶盆中暂养，盆底铺 3 ~ 4 厘米厚的沙，注水 2 厘米深，使稚鳖能将头露出水面呼吸。直径 40 厘米的盆可放稚鳖 20 只左右。每天分上、下午各投喂一次。投喂的饵料为红虫、切碎的蚯蚓、鱼肉、禽畜肝脏等。投喂量为山瑞鳖群体总重的 10% 左右，也可投喂甲鱼配合饲料。

暂养阶段，因为盆小水少，易受气温影响，温差变化较大，宜放在室内饲养。注意保温。每天应换水 1 ~ 2 次，换水时温差不要超过 5 ℃。稚山瑞鳖经 20 天左右暂养就可转入稚鳖池培育。

二、稚鳖池的建造

稚鳖池一般为水泥池结构，面积不需很大，5 ~ 10 平方米即可。池深 50 ~ 60 厘米，水深 30 厘米，池上方需拉遮阳布降温。池的一边设休息台，面积约为池的 1/5 ~ 1/4。休息台以 25°斜面与水面相接，方便稚鳖上岸休息。池底铺沙 5 厘米。

三、稚鳖的培育

1. 稚鳖放养密度

稚山瑞鳖经暂养后转入稚鳖池培育。入池前，用 10 ppm 的高锰酸钾溶液浸泡消毒 15 分钟。初始放养密度以每平方米 40 ~ 50 只为宜。稚鳖池最好放养些水浮莲，一则降低水温，净化水质，再则还能充当附着物。随着稚鳖的生长，根据生长规格，养殖密度要及时调整。当生长到 40 ~ 60 克，每平方米水池放养 30 ~ 40 只；生长到 100 克以上，每平方米放养 20 ~ 30 只。通常每隔 2 ~ 3 个月分疏一次。

2. 饲养管理

在饵料投喂上应坚持定时、定位、定量、定质，使稚鳖养成定点定时摄食的习惯。高温季节投喂两次，上、下午各一次。秋后投喂一次。饵料放食台上。食台用木板或水泥板架在水下 2 厘米处。根据稚鳖数量架设多个食台。投饵量以投喂后 2 小时吃完为准。在水温 25 ~ 30 ℃下，日投饵量占稚鳖总体重的 10% ~ 20%。每天清扫食台，防止污染水质。

因稚鳖池较小，水也浅，蓄水深度仅 20 ~ 30 厘米。高密度养殖时，水质极易变坏，应每 2 ~ 3 天换水一次。饲养稚鳖的水以绿色为好，便于稚鳖的隐蔽，减轻相互咬伤，提高成活率。

在广州，稚山瑞鳖经 140 天饲养，平均体重可达 50 克，这种规格可以安全越冬。

四、稚鳖的越冬管理

越冬阶段是稚鳖养殖中的关键阶段之一。由于稚鳖出壳时体重不同，养殖时间长短及饵料营养不同，个体差异较显著。较小个体内贮存的物质不多，在漫长的越冬阶段中，因体内消耗，致使鳖体质衰弱，容易生病造成大量死亡。为了提高越冬成活率，需做好越冬准备工作。目前有自然越冬与温室越冬两种方法。

1. 自然越冬

当水温下降到 15 ℃以下时，应及时将稚鳖转入越冬池。越冬池应选择在向阳、背风的地方，如果是室内池就更好。越冬池底铺 20 厘米厚的细沙，再注水 10 厘米，每平方放稚鳖 100 ~ 150

只。如果气温太低，可在池顶放上竹帘，竹帘上再铺一层稻草保温。第二年水温上升至 18 ℃以上时，可将池水放干，注入新水，越冬后的稚鳖会自行爬出沙层。

2. 温室越冬

有条件的可以在温室过冬。加温的方式多种，如温泉水加温、工厂余热加温、锅炉加温、电热加温等，根据各自的条件合理运用热能。当水温下降到 15 ℃左右时，将室外饲养的稚鳖移到室内加温池内，加温继续饲养。保持水温在 25～30 ℃之间。在冬季加温饲养条件下，稚山瑞鳖的放养密度可大些，以充分利用能源及养殖设施。20～30 克规格的稚鳖每平方米放 100 只，40～50 克的放 70 只，70～80 克的放 60 只，100～120 克的放 50 只，140～160 克的放 40 只。在温室越冬需正常投饵，方法与前面稚鳖培育中介绍的一样。在温室饲养，由于高密度、高水温，加之投高蛋白的饵料，水质极易变坏，稍不注意就会导致暴发性鳖病流行或直接引起鳖的死亡。改善和控制温室的水质是温室养殖的关键技术。具体操作中需要每日排吸池内污物；洗刷饵料台；定期换水，每 2 周更换一次；加强温室的光照并机械增氧；每隔一周用 0.2～0.4 ppm 漂白粉消毒一次，降低氨氮；每隔一周用 10 ppm 生石灰提高池水 pH 值，增加钙含量，促进稚鳖生长。另外，要保持温室内空气清新，在晴天室外最高气温时，用排气扇排出温室中的有害废气，换入氧气含量较高的新鲜空气。新鲜空气能提高稚鳖的摄食强度和饵料利用率，促进其生长。

第五节　幼、成鳖的养殖

一、鳖池的建造

1. 幼鳖池的建造

稚山瑞鳖经过越冬阶段，到翌年三四月份即进入幼鳖生长期。幼鳖池主要用来饲养幼鳖，由于幼鳖对环境的适应能力比稚鳖强，因此幼鳖池的面积较大。幼鳖池建在室外，面积 50～100 平方米，池深 70 厘米，水深 35 厘米左右。池底铺 10 厘米厚的细沙，池四周的斜坡或池中心设休息台，其面积为池子的 1/10。

2. 成鳖池的建造

经常温养殖 2 年的山瑞鳖称为成鳖。成鳖池的建造要求不高，普通的鱼池也可用来饲养成鳖，面积以 1～10 亩为宜。池深 1.5 米左右，池底为自然土层，中央有 30 厘米厚的软泥或泥沙，池四周可留有 30°的斜坡作为休息场。此外还要用水泥板或砖石护坡以防成鳖逃逸。

山瑞鳖善攀缘、喜逃跑，在养鳖池四周必须设置牢固的防逃墙。防逃墙的高低按池内养鳖的个体大小决定，一般高出地面 30～50 厘米。防逃墙的顶部要有飘檐，檐口向池内伸出 10 厘米左右。饲养池内的进排水口套上防逃设施。

二、分级饲养与合理放养

过冬后的稚鳖放到幼鳖池前应按不同规格进行分级筛选，使不同规格的个体分别放于不同池内饲养，以防大欺小，致小的个体抢不到食物而影响生长。成鳖的放养也是如此。在饲料短缺的情况下，如同池放养规格不齐，易造成相互残食，影响成活及个体的生长。分级饲养一般每年进行 1～2 次。第一次在过冬后，第二次在冬眠前。

山瑞鳖的放养密度视其个体大小、饲养管理技术水平、给饵状况及饵料质量不同而异。如果饲养水平高，饵料来源丰富而且质量很好，放养密度可大些，反之则小些。一般每平方米放养 10 克以上的山瑞鳖 5～10 只，3 龄的 3～5 只，4 龄的 1～2 只。

三、科学投喂

幼鳖和成鳖对饲料的要求不如稚鳖严格，可喂鱼、虾、蚌、螺、禽畜类下脚料和蔬菜叶等，动植物饲料量按 3:1 搭配。也可喂全价配合饲料，其粗蛋白含量应在 45% 左右。在饵料的投喂上要坚持"四定原则"。6～10 月份每日投喂两次，上午 7：00 和下午 4：00 各投喂一次。10 月底后至翌年 5 月底前每日投喂一次。饵料要放在固定的饵料台上，这样便于观察山瑞鳖的摄食情况，掌握合理的饵料投放量，同时也便于残饵的消除及饵料台的消毒，以利病害的防治。全年饵料的投喂应掌握"两头轻，中间重"的原则，即春季和秋末投喂量少，夏季和秋初投喂量多（一般占全年投喂量的70%）。每天投喂量以投喂后1~2小时内吃完为宜。在水温25~30℃条件下，日投鲜动物性饵料可占鳖体重的10%左右，蛋白含量在45%以上的全价配合饲料占体重的3~5%。幼鳖的日投喂量要稍大于成鳖。投饵量应根据天气、水质及上次投喂后的剩饵情况灵活调整。天气恶劣、下雨、闷热或气温过高、过低时，可不喂或少喂。投喂的饵料必须新鲜、适口，确保质量，不要投喂腐败变质的饵料，以免发生疾病。

四、水质管理

山瑞鳖主要用肺呼吸，但因其生活于水中，水质的好坏对其生长影响很大。因此，要保持水质的良好。较理想的养殖水质为绿色，池水中绿藻类、蓝藻类的繁殖可补充水中溶氧，促进有机物分解，使透明度降低，减少山瑞鳖的相互撕咬。

为了保持水质清新，每10天左右加注新水一次，每半个月至一个月可按每亩施用12~20公斤生石灰一次。饲养池水春季稍浅，50~80厘米即可，以便水温升高，促使山瑞鳖开食。以后随水温上升和山瑞鳖的成长逐渐加深水位，至1.2~1.5米水深后以经常换水的方式改善水质。在放养期间，水质清瘦的池塘可通过施用无机肥来培育藻类，而对过肥的池塘，除换水外，还可放养鲢、鳙鱼调节藻类密度以达到调节水质的目的。夏季高温时，可在池塘上方搭建遮阳棚，其面积约占塘面的10%左右。

五、越冬管理

山瑞鳖的越冬管理是人工养殖的一个重要阶段，要特别注意。安全越冬的主要措施有：

1. 越冬前强化培育

除了越冬前按正常要求投喂高质量的人工配合饲料外，还应尽可能地投喂一些蛋白质含量较高的鲜活饵料如：禽畜内脏、鱼、虾、蚌、螺等，促使山瑞鳖越冬前体内营养物质的积累，增加越冬期间的抵抗力以及能量的积累，提高越冬成活率。

2. 越冬池的要求

越冬池应选择在阳光充足、避风向阳、环境安静的地方。放养前用漂白粉 10～20 ppm 全池消毒，曝晒数日，可减少越冬期间疾病的发生。

3. 温度控制

越冬期间要保持温度的相对稳定，不发生过大变化。有条件的地方最好采用室内池或室外池搭塑料大棚越冬。越冬期的放养密度以每平方米 150 只左右为宜。应做好保温防冻工作。可将池水水位升高，池顶盖上竹帘，上铺一层稻草。有条件的最好采取人工升温、控温措施。保持池水不结冰即可。

4. 环境及水质管理

越冬期间，保持周围环境的安静，防止经常有人在池边走动及各种原因引起的震动，使山瑞鳖不受惊扰，不会在水中逃来逃去，以减少能量的消耗。同时注意水质调节，保持一定的透明度。

六、成鳖养殖方式

成山瑞鳖生长较快。在广州，4～10 月为山瑞鳖的生长期。山瑞鳖 4～9 月平均每只增重 660 克，平均日增重 3.61 克，而且雄鳖生长速度快于雌鳖。成鳖的养殖通常有池塘养鳖、水泥池精养鳖、温室养鳖、池塘鱼鳖混养以及庭院养鳖等几种形式。各地可根据当地具体情况，因地制宜加以饲养，均可达到较理想的效果。具体管理方法与上述一致。

第六节 疾病防治

在自然条件下和室外露天池稀养条件下，山瑞鳖极少得病。但若集约化养殖程度较高及冬季加温养殖条件下，由于生态环境的变化，也会引起疾病。

一、引起疾病的原因

在集约化养殖条件下，引起疾病的原因主要有：水质，放养密度，饵料的投喂量与质量，捕捉运输中操作损伤等。养殖池水质恶化主要是投饵过量、残饵过多、粪便的大量沉积以及水源不良等原因所引起。一旦水质恶化就会导致病原体的大量滋生，从而引发各种疾病。另外，恶化的水质还会对山瑞鳖产生直接危害。放养密度的高低亦是引起疾病的一个重要因素。因放养密度大，若投饵不足，山瑞鳖会相互撕咬、残食，继而感染细菌引发疾病。饵料质量得不到保证，山瑞鳖的营养要求得不到满足，也会引起生理机能失调，抗病能力降低，引起营养缺乏症或感染其他疾病。捕捉、运输过程中受损伤，如果没有处理，也会招致感染疾病。

二、几种常见的山瑞鳖疾病及其防治方法

1. 红脖子病

病原：嗜水产气单胞杆菌。

病症：咽喉部和颈部皮肤充血发红，腹甲出现赤斑，逐渐溃成烂斑，肌肉水肿，行动迟缓，红肿的脖子伸长不能缩回；病情严重时口鼻出血，肠道糜烂，眼球白浊而失明。不吃食。此病传染性极快，往往造成大批死亡。

防治方法：保持水质清新。发现病鳖应及时捕出，专池治疗；将土霉素、金霉素、氯霉素等抗菌素或磺胺类药物拌入饵料中投喂。用药量：磺胺类药第 1～2 天每公斤鳖 0.2 克，第 3～5 天减半。抗菌素每日每公斤鳖 15～20 万国际单位，连服 4～5 天；用 8～10 ppm 硫酸铜溶液浸洗 10～20 分钟；人工注射金霉素，每公斤鳖用 30～45 万国际单位。

2. 红斑病：又称赤斑病、红底板病

病原：点状产气单胞菌点状亚种。

病症：外表上最为明显的是腹部有红色斑块。此病多发于越冬后的 4～5 月，病鳖爬到池塘斜坡上，停食，反应迟钝，2～3 天后死亡。口鼻呈红色，舌红、咽部红肿，肝呈紫黑色，肝脏和肾脏发生严重病变，肠充血，肠内无食物。

防治方法：发病期间注意观察，发现病鳖及时隔离。越冬前，在饵料中拌呋喃唑酮进行预防。发病时，按每公斤鳖 20 万国际单位注射硫酸霉素，一般 3 天后恢复摄食，5 天后赤斑消退，7 天后痊愈。

3. 白斑病：又称毛霉病

病原：毛霉菌属的一种。

病症：鳖的四肢、裙边等出现白斑，表皮坏死，部分溃疡。此病常年均可发生，特别是在捕捉、运输过程中受伤的个体极易感染此病。一般情况下死亡较少，但在霉菌寄生到咽喉部时则易影响呼吸，导致窒息死亡。

防治方法：用生石灰彻底清塘消毒，使池水始终保持嫩绿色；用 10 ppm 漂白粉溶液浸泡病鳖 1～2 小时或 0.04% 的小苏打合剂全池泼洒；用 1% 孔雀石绿软膏或适量磺胺药物软膏涂抹患处。

4. 脂肪代谢不良病

病因：投喂过量的臭鱼、虾、肉类和腐败变质的饲料或贮存过久的干蚕蛹等，使饲料中的变质脂肪酸在山瑞鳖体内大量贮存，造成其肝、肾机能障碍，代谢机能失调，逐渐出现病变。

病症：身体隆起较高，腹甲暗褐色，有浓重的黑绿色斑纹，四肢、颈部肿胀，表皮下出现水肿，体表异常。剖开腹腔能嗅到恶臭味，肝脏发黑。患此病后，不易恢复且可能转为慢性病，最后停食死亡。

防治方法：保持饵料新鲜，保持池内清洁卫生，及时清除残饵，保持水质清新。

5. 水质不良引起的疾病

病因：池水长期处于静止状态，水中溶氧不足，有机物过多，在厌氧条件下氧化分解出大量氨氮，当达到 100 ppm 时就会引起鳖病。

病症：鳖四肢、腹部明显充血、红肿、溃烂以至形成溃疡，裙边溃烂或呈锯齿状。

防治方法：保持池水肥嫩、清洁，发现有病后及时更换池水。同时用 20 ppm 高锰酸钾溶液浸泡山瑞鳖 20 分钟。

第八章　美国青蛙的养殖

　　美国青蛙又名沼泽绿牛蛙，原产北美洲，是继牛蛙之后我国引进的又一种大型肉用经济蛙类。美国青蛙不但个体硕大（野生环境中最大个体达 600～800 克）、肉质细嫩、味道鲜美、营养丰富、具有较高的经济价值，而且具有生长速度快、抗寒能力强、适应性广、抗病力强、性情温顺、容易防逃、容易管理等许多适合开展人工养殖的优良性状，是一种比牛蛙更适合开展人工养殖的品种。

　　美国青蛙 1987 年由广东肇庆广利渔场首次引进到我国大陆。在科技人员的精心培育下，第二年就获得了人工繁殖的种苗，而且很快被引种到福建、浙江、江苏、湖南、上海等许多地方进行试养。由于美国青蛙具有生长速度快、抗寒能力强、适应性广、抗病力强、性情温顺等许多适合人工养殖的优良性状，其养殖很快就在全国各地发展起来，并被国家科委列入"星火计划"中的"短、平、快"推广应用项目。

　　美国青蛙是两栖类动物，以肺呼吸为主，皮肤呼吸为辅，可直接呼吸空气中的氧气，对养殖环境条件的要求不高，既可以利用稻田、蕉林进行粗放式养殖，又可以进行庭园式或池塘式的精养；既可以在较大的水体中进行网箱养殖，又可以建造专门的水泥池进行高密度集约化养殖。美国青蛙的养殖产量最高可达 10～15 公斤/平方米（相当于亩产 6 667～10 000 公斤），是"三高"养殖业的重要组成部分，也是农民致富的一条好门路。

第一节　经济价值

　　美国青蛙的经济价值较高，既可以食用，又可以药用，其皮还可以制成皮革。人类对蛙类的利用已经有很长的历史，随着科学研究的不断发展，蛙的利用将会更加广泛和深入。

一、食用价值

美国青蛙不但个体大、含肉率高，而且肉质洁白细嫩、味道鲜美、营养丰富，历来被视为饭桌上的佳肴，深受各国消费者尤其是欧美消费者的喜爱，美国的大饭店选料多半喜欢选用美国青蛙。蛙肉被视为美味佳肴，是因为其独特的营养成分。据分析测定，蛙肉是一种高蛋白、低脂肪、低胆固醇的美味食品，同时含有钙、磷、铁、硫氨素、核黄素、烟酸、葡萄糖、肝糖等多种营养成分，蛙肉的蛋白质中含有 18 种氨基酸，其中包括人体必需的 8 种氨基酸，是动物蛋白中的优质健康食品。

二、药用价值

中医理论认为，蛙肉性平，味甘，胆性寒，具有清热解毒、补虚止咳、补中益气、壮阳利水、活血消积、健胃补脑之功效。经常食用对心脏病、高血压、小儿疳积、浮肿、湿热、黄疸、麻疹并发肺炎、喉部糜烂、咳痰咯血、胃酸过多等症，均有一定的疗效。

西方国家也兴起了青蛙药用研究热。美国研究人员从蛙的身上提取出有抗微生物作用的肽和有高效止痛作用的生物碱；澳大利亚的科学家从蛙皮腺中提取的化合物，为治疗从精神分裂症到细菌感染等范围广泛的各种疾病带来了希望，他们还发现蛙体产生的一种天然胶黏液，能取代手术后缝合伤口用的线；在德国，医生用蛙皮素来治疗肠肌无张力症。

第二节　生物学特性

一、形态特征

美国青蛙是两栖类动物，在生活史上要经历幼体（蝌蚪）和成体（蛙）两个有着完全不同外形和生活特征的阶段。

幼体（蝌蚪）阶段

美国青蛙在水中产卵、受精，受精卵在水中孵化后即成为蝌蚪。开始时的蝌蚪外形有点像胡子鲶鱼苗，斗大尾小，体色黑。

随着蝌蚪的生长发育，个体不断长大，外形也逐步发生变化。先是后肢伸出并逐渐生长，继而前肢开始伸出并生长，口裂逐渐加深，尾部和肠缩短，肺形成，内鳃萎缩，侧线消失，最后尾部萎缩至完全消失，这样便完成幼体向成体过渡的变态过程，变成外形与成体相似的幼蛙。变态后的幼蛙可登陆上岸营水陆两栖生活。

成体（蛙）阶段

美国青蛙的外部形态与其他蛙类一样，整个身体由头部、躯干部和四肢三部分组成。美国青蛙的体型比虎纹蛙要大，比牛蛙小。美国青蛙成蛙体长约 13 厘米左右，体重约 450 克（最大个体可达 600～800 克）。美国青蛙没有背侧褶，皮肤比较光滑，不像虎纹蛙的皮肤上有许多长短不一、分布不十分规则的肤棱。美国青蛙皮肤的颜色与牛蛙也有区别，美国青蛙的背部皮肤一般为黄褐色，具有深浅不一的圆形和椭圆形的斑纹，腹部白色；而牛蛙的背部皮肤一般为深褐色，且具有深浅不一的虎斑状横条，腹部白色有暗褐色的斑纹。

二、生活习性

美国青蛙是两栖类动物，适应水陆两栖环境生活，多栖息于水草丛生的江河、池沼、流溪、浅滩、湖泊等未被污染的淡水水域及有草木遮荫的岸边。美国青蛙的生活离不开水，因蛙的皮肤全部裸露，保水性能较差，必须保持潮湿，进行皮肤呼吸，以弥补肺结构简单的不足。美国青蛙一般具有畏光性，昼伏夜出，日间常以身体悬浮于水中，仅头部露出水面，尤其是逃避强烈阳光的照射时，一旦受到惊吓便潜入水中。夜间则四出活动，觅寻饲料多在夜间进行。美国青蛙喜群居生活，尤其是在生殖季节，常集群迁居到水陆环境优良的场所，交配并繁殖后代。美国青蛙到了一个新的环境以后，首先分散，到处寻觅孔隙欲逃，因此在饲养时要注意做好防逃工作。

美国青蛙的适温范围较广，在 1～37 ℃范围内均可正常生活，不需进行冬眠或夏眠。美国青蛙的最适生长温度为 18～32 ℃，14 ℃以下摄食减少，7 ℃以下时生长缓慢，0 ℃以下则进入洞穴中冬眠，第二年春天温度回升到 10 ℃ 以上时，便开始活动觅食。

三、食性

美国青蛙的蝌蚪以浮游植物为主食，如藻类中的绿藻、蓝藻和硅藻，随着个体的长大，也吃草履虫、水蚤、轮虫等浮游动物。人工饲养时，可给刚开口摄食的蝌蚪投喂轮虫、枝角类等浮游动物以及熟蛋黄、豆浆，继而可投喂豆饼粉、麦糠及切碎的动物内脏等，7 天以后就可投喂配合饲料。变态后的美国青蛙改以动物性食物为主，善于发现并捕食各种活体小动物，如小鱼、小虾、昆虫、蚯蚓等。在自然环境下，美国青蛙一般只吃活饵，不吃死饵，食物缺乏时，会出现大蛙吃小蛙的自相残杀现象。但经过食性驯化，美国青蛙可改变吃活饵的习性，改而摄食配合饲料，尤其喜食膨化颗粒饲料。

美国青蛙喜欢在夜间进食，但有暴风雨的夜间不摄食。用饲料盘喂饲时，蛙成群上盘争食，体弱的个体往往被挤出盘外。蛙类一般都非常贪食，尤其当饲料不足时，大蛙吃小蛙的互相残杀现象常常会发生，因此在养殖过程中，要不断进行分级，实行大小分养，并投喂充足饲料，以减少自相残杀现象的发生。

四、生长

美国青蛙个体大，生长迅速，但蝌蚪期相对较长。首先，受精卵经过 2～3 天孵化成蝌蚪，在温度适宜、饲料充足的条件下，蝌蚪一般要经过 60～70 天才变态为幼蛙，而虎纹蛙只需 30 天左右。刚孵出的蝌蚪附着于水草的根须或池壁上，以卵黄囊作为营养来源，4～5 天后开始主动摄食，40 天左右开始长出后肢，60 天左右长出前肢，再经 10 天左右尾巴全部消退，变态为体重约 4 克左右的幼蛙。幼蛙在饲料充足的情况下，经过 4 个月的饲养体重可达 250 克，饲养 8 个月体重可达 450 克左右。

五、繁殖习性

美国青蛙经过一年的饲养即可达到性成熟，体重达 350 克以上。美国青蛙属一年多次产卵类型，繁殖季节为 4～7 月，5～6 月为盛产期，产卵的适宜水温为 20～30 ℃，最适水温为 24～

28 ℃。一般一只雌蛙一年产卵 2 次，每次可产卵 5 000 ~ 10 000 粒。受精卵呈球状，直径约 1 毫米，卵粒相互粘连成块状，附着于水草上，自然产卵的受精率一般为 90% 左右。在 24 ~ 26 ℃水温条件下，受精卵经过 2 天左右便可孵化出蝌蚪，孵化率可达 70% 左右。

第三节　蛙池建造

美国青蛙是水陆两栖动物，适应性强，只要有合适水源（酸碱度在 6.0 ~ 8.5 之间，盐度不高于 2‰）的地方就可养殖。但美国青蛙喜欢温暖、潮湿、安静的环境，因此养蛙场宜选择在靠近水源、安静、阴凉的地方，场地大小视养殖的规模而定。由于美国青蛙喜跳、爬、钻，因此整个蛙场要用 1 米高的砖砌围墙或聚乙稀网片围起来，围墙入土 20 厘米，起防逃和防蛇、鼠的作用。蛙池与蛙池之间则可用 80 厘米的聚乙稀网片分隔。蛙池的规格可根据蛙的生长发育期而分为亲蛙池、产卵池、孵化池、蝌蚪池、幼蛙池和成蛙池。如果养殖者只进行成蛙养殖，自己不生产种苗，则只需建造蝌蚪池、幼蛙池和成蛙池。

一、亲蛙池

亲蛙池可以是土池或水泥池。面积大小可根据生产规模而定，一般土池面积 100 ~ 300 平方米，水泥池面积 10 ~ 30 平方米。池子要有高出地面或水面 1 米的围墙，围墙可用砖块或其他材料砌成，但要坚固严实，能起防逃和防蛇、鼠危害的作用。池子深 1 米，蓄水 50 ~ 50 厘米，要有进排水口，排灌方便。在池子中间或四周要有占蛙池 1/3 左右面积的陆地，作为种蛙的食场和休息的地方。陆地部分的上方可用石棉瓦或其他材料搭遮荫棚。陆地与水面之间要建成平缓的斜坡，方便种蛙上下。如果是水泥池，可把池底建成高低两级，各占一半的面积，低的部分在水下，作为蛙活动和排泄的场所，高的部分在水上，作为蛙进食和休息的地方；也可以在池中设置漂浮物作为食台和休息场所。

二、产卵池

产卵池的结构与亲蛙池相似，也有人直接用亲蛙池作产卵池。产卵池也可以是土池或水泥池，因为土池的成本低，所以应用较为普遍。如果是采用人工催产，则多数使用水泥池。产卵池一般蓄水 15~20 厘米，也有蓄水 50~80 厘米，但池中要放进经过清洁消毒的水草或用木板和纱窗布做成的产卵框。

三、孵化池

孵化池最好是水泥池，面积大小可根据生产规模而定，一般为 6~10 平方米，但也可建成 1~2 平方米的小型池，每池孵化一窝蛙卵。孵化池设进、排水管，水深 20~30 厘米，采取微流水孵化。孵化池的个数应根据亲蛙的数量而定，以便不同时间所产的蛙卵可分批孵化。也可以在面积较大的池子中设置孵化网箱或孵化框孵化蛙卵。孵化网箱或孵化框面积 1~2 平方米，孵化网箱高 50 厘米，入水 20 厘米，孵化框深 20 厘米，均用 60 目的聚乙稀网布做成。无论用什么方式，池子上方都要架设遮荫棚，避免阳光直射蛙卵，并放进一些水草供孵出的小蝌蚪停栖。

四、蝌蚪池

蝌蚪池可以是土池或水泥池，但以土池比较经济实用。土池的面积一般为 100~200 平方米，但生产规模大的养殖场可采用 1 亩的池子。蝌蚪池深 1 米，蓄水 60~80 厘米。堤岸坡度比为 1:2.5，便于蝌蚪吸附其上休息及变态后的幼蛙登陆。蝌蚪池应设进、排水管，池中放置一些浮水性植物，供蝌蚪栖息。因为蝌蚪培育期间要经过多次分级，因此要多建几个同样规格的蝌蚪池。

水泥蝌蚪池的结构与水泥孵化池相同，但面积应大些，一般为 10~30 平方米，池深 1 米，蓄水 60~80 厘米。

五、幼蛙池、成蛙池

幼蛙池与成蛙池并没有绝对的不同，实际上幼蛙池也可以养殖成蛙，成蛙池也可以养殖幼蛙。一般来说，幼蛙池面积可小些，成蛙池面积可大些。幼蛙池与成蛙池的结构也是土池、水泥池均可。土池的养殖水平低些，但造价也低，比较经济实用；水泥池的造价较高，适合于进行高密度集约化养殖。

土池面积一般为 100~300 平方米，形状为长条形，长短视蛙池面积大小而定，宽度一般为 6 米。蛙池的中央部分是一条 2 米宽的水沟，作为蛙活动和排泄的场所。水沟深 80 厘米，一般蓄水 40~60 厘米；蛙池的四周是 2 米宽的陆地，陆地高出水面 30~40 厘米。陆地与水沟间的坡度平缓，一般为 1:2.5 坡，便于蛙登陆上岸。在陆地上用竹子和石棉瓦架设遮荫棚，作为蛙进食和休息的场所。遮荫棚的高度一般距离地面 30 厘米，遮盖蛙池陆地部分 50% 以上的面积。蛙池水面与陆地面积的比例约为 1:2。在蛙池的两端设进、排水管。

水泥池的面积可小些，一般为 10~20 平方米，长方形，池高 80 厘米。蛙池内的食台有两种形式。一种是把池底建成高低两层，各占池子面积的一半，高的一层露出水面，是蛙休息和进食的地方，低处部分蓄水深度 10~15 厘米，作为蛙活动和排泄的场所。另一种是池底平坦或稍向出水口倾斜，蓄水深度 10~15 厘米，在池子中间设置一个约占池子面积一半的悬浮式饲料台，作为蛙进食和休息的地方。池子要设进、排水管，池的上方要架设遮荫棚。

美国青蛙还可以在经过改造的稻田、蕉林中进行养殖，而利用一般的鱼池养殖美国青蛙则相当普遍，较有代表性的有几种形式：一种是用整个池塘进行养殖；一种是只利用池塘的一部分，沿池塘四周用聚乙稀网片围出约 2 米宽的水面进行养殖；还有一种是在池塘中设置网箱进行养殖。利用池塘养蛙，要在水面用木板或泡沫塑料等材料设置悬浮式饲料台，作为蛙进食和休息的场所。

第四节 繁殖技术

美国青蛙的繁殖期是 4~7 月，每年的清明节前后，当水温稳定在 20 ℃以上时，美国青蛙便开始进行繁殖活动。

一、亲蛙选择

美国青蛙的性成熟年龄为 1 龄。所以在一般情况下，经过 1 冬龄养殖、体重 300 克以上的个体都达到性成熟。但为了保证亲蛙精子和卵子的质量、数量以及受精率和孵化率，人工繁殖时一般不选用个体小、怀卵量低的蛙作亲蛙，最好选择 2 ~ 3 龄的蛙做亲蛙。无论雌雄，都应选择体质健壮、活泼、无疾病特征的个体，雌蛙应选择体重 400 克以上、腹部膨大松软的个体，雄蛙则选择咽喉部黄斑显著的个体。

二、亲蛙投放

在繁殖季节到来之前，先用石灰、漂白粉等把产卵池进行清池消毒，每亩水面施用 100 公斤石灰、10 公斤漂白粉，清除病原和各种敌害生物。然后把选择好的亲蛙放到产卵池中。在生产上，美国青蛙一般都不需注射催产激素，应让其自然产卵、受精。亲蛙的放养密度一般为 1 ~ 2 对/平方米，雌雄比例为 1:1 到 2:1。因为雄蛙常常为争夺配偶相互斗殴，从而干扰雌蛙正常发情交配，所以雄蛙不宜过多。考虑到雌蛙对异性的专一性，不要人为地为亲蛙配对，除非是注射了人工催产激素的亲蛙。

三、产卵

在交配产卵之前的一段时间，除了按一般成蛙养殖投喂饲料外.还要同时给亲蛙补充一定的鲜活食物，如小鱼、虾等。到了繁殖季节，成熟的美国青蛙不必注射催产激素也可自然产卵、受精，一般生产上都不注射催产激素。当水温达到 20 ℃ 以上时，雄蛙鸣叫不止，与雌蛙相互追逐抱对，表明产卵即将发生。雨后转晴的几天内往往是产卵的高峰季节。美国青蛙的产卵活动大多集中在清晨 4：00 ~ 8：00 时，产卵量与个体大小和营养水平有关，一般每只雌蛙每次可产卵 5 000 ~ 10 000 粒左右。

如果应用人工催产的方法，要选用性腺成熟度好的作亲蛙。催产的药物有蛙脑垂体（PG）、地欧酮（DOM）、绒毛膜激素（HCG）、促黄体激素类似物（LRH – A）等，每公斤雌蛙注射的剂量为：蛙脑垂体 15 个，地欧酮 10 毫克，绒毛膜激素 5 000 国际单位（IU），促黄体激素类似物 100 毫克，地欧酮一般与类似物混合使用，其他药物可单独使用，雄蛙剂量减半。根据要注射亲蛙的体重计算出需要的药物量，药物用适量的生理盐水稀释，每只蛙注射 1～1.5 毫升的量，一般采用大腿部背侧肌肉一次注射，进针深度 1～1.5 厘米。性腺成熟度好的亲蛙一般在注射药物后的 3～5 天内产卵。

四、采卵

在繁殖季节的清晨，要坚持每天巡视产卵池，观察亲蛙的产卵情况。巡视时脚步要轻，以免影响蛙的产卵活动。发现蛙卵及时捞起，放到孵化池中进行孵化。捞取蛙卵时，先用剪刀把与卵团粘连在一起的水草剪断，然后用脸盆小心把卵团带水捞起，转移到孵化池中孵化。

五、孵化

在使用前，孵化池一定要经过彻底的消毒。美国青蛙的受精卵可以在水质清新、水深 15～20 厘米的孵化池或网箱中进行孵化，孵化密度一般为 4 000～5 000 卵/平方米。受精卵要适当分散排列，不能密集成堆。分散卵粒要带水操作，动作要轻，以免损伤受精卵。孵化池上方要架设遮荫棚，防止太阳光直射及暴雨，以免影响胚胎发育。

胚胎发育与水温及溶氧量等水质因子密切相关。受精卵孵化对水质的要求是：水温 20～30 ℃，溶氧量 5 毫克/升以上，pH 值 6.5～7.5，盐度 2‰以下。在适宜的温度范围内，温度越高，胚胎发育速度越快，在 26 ℃水温的情况下，受精卵一般 2～3 天可孵化出蝌蚪。刚孵化出来的蝌蚪体质纤弱，操作时容易受伤，宜在原孵化池中培育大约 10 天左右时间，再转移到蝌蚪培育池中培育。

第五节 蝌蚪培育

刚孵化出的美国青蛙蝌蚪带有一个大的卵黄囊，4 天内不开食，靠消耗卵黄囊来维持营养，到第 5 天鳃盖闭合后，大部分的卵黄已被消耗吸收，一般在孵化后的第 5～6 天蝌蚪开始开口摄食，从外界摄取营养。蝌蚪刚孵出时，身体纤弱，可留在孵化池中培育 10 ~ 15 天，待蝌蚪长得强壮后再转移到蝌蚪培育池中进行培育。

一、放养前的准备

由于前期蝌蚪个体小，活动能力差，容易受到各种病害和水蛇、凶猛鱼类、水生昆虫等的危害，因此放养前蝌蚪池一定要用石灰、漂白粉等进行彻底的清池消毒，每亩水面施用 100 公斤石灰、10 公斤漂白粉，清除病原和各种敌害生物。蝌蚪池上方要搭盖遮荫棚，或在池中放养适量的水浮莲。

蝌蚪开食后喜欢摄食浮游植物和浮游动物。因此在放养蝌蚪前，蝌蚪池要像鱼苗培育池一样，施放粪肥培育浮游生物。在消毒后的第 3 天，每亩水面施粪肥 200 公斤，以培肥水质，繁殖大量的浮游植物和浮游动物，作为蝌蚪的补充营养。

二、放养密度

一般在消毒后的 8 ~ 10 天，蝌蚪池水的毒性已经消失，浮游生物也大量繁殖，经试水确认安全后，就可放养蝌蚪。蝌蚪的放养密度可根据要求达到的规格而定。一般情况下，每平方米水面刚孵化的蝌蚪放养 2 000 尾，20 日龄的蝌蚪放养 1 000 尾，40 日龄的蝌蚪放养 500 尾，60 日龄的蝌蚪放养 200 ~ 300 尾。

三、饲料投喂

饲料是蝌蚪生长发育的物质基础，饲料的适口性和营养成分不但影响到蝌蚪的生长速度，而且还影响到蝌蚪的发育和变态时间的长短。美国青蛙蝌蚪是偏植物性的杂食性。刚开口摄食时，主要摄食水中的浮游植物和浮游动物，可加喂蛋黄或豆浆。一般每天投饲 2 次，早、晚各一次，每次每万尾蝌蚪投喂 3 个蛋黄。投喂蛋黄 5 ~ 6 天后，随着蝌蚪的长大和摄食量的增加，可改投豆粕、麦麸以及煮熟的鱼肉和动物下脚料等饲料，也可以投喂根据美国青蛙蝌蚪的营养需求而设计生产的人工配合饲料，尤其是膨化饲料。饲料应投放于食台上。食台可用木条钉成 50 × 30 厘米的木框，底部钉上 60 目的聚乙烯网布。食台沿着蝌蚪池的周边每隔一定距离放置一个，入水深度 10 厘米左右。饲料的投喂量以吃饱不浪费为原则，一般以蝌蚪在 2 小时内吃完为宜。

四、日常管理

美国青蛙蝌蚪像鱼苗一样，用鳃进行呼吸，生活离不开水，对水中的溶氧量有较高的要求。要求蝌蚪培育池水质清新、无污染，溶氧量在 3 毫克/升以上。水质管理是蝌蚪培育期间重要的日常工作，要使蝌蚪池保持清新的水质和丰富的天然饵料生物。当发现池水不够肥、浮游生物量下降时，应及时加施追肥；如果水质有恶化迹象时，应及时更换池水，正常情况下一般每隔 3～5 天加水或换水一次。

随着蝌蚪个体的逐渐长大，蝌蚪的养殖密度要作相应的调整，一般每隔 20 天左右分疏一次。在分疏时，应把不同个体大小的蝌蚪分开养殖，使蝌蚪的规格趋于一致，以使它们变态成幼蛙的时间更加接近。

在水温 20～30 ℃、饲料营养较高的条件下，美国青蛙蝌蚪生长速度较快，一般 60～70 天就可变态为体重 4 克左右的幼蛙。蝌蚪的生长发育存在着个体差异，变态有先有后，有的已变态成幼蛙，有的还处在蝌蚪期。为了适应幼蛙水陆两栖的生活习性，当发现有蝌蚪将要变态成幼蛙时，应在池内放置一些木板、塑料泡沫或增放水浮莲，作为幼蛙登陆休息的场所。当有 90% 的蝌蚪变态成幼蛙时，便可集中捞起，转移到幼蛙池中养殖。

第六节　幼蛙养殖

从刚变态登陆的幼蛙一直到体重 100 克的阶段，都属于幼蛙养殖阶段。与水中生活的蝌蚪相比，刚登陆上岸的幼蛙在生活习性和食性等方面都发生了巨大的变化。食性驯化，驯化幼蛙接受死饵或人工配合饲料，是这一阶段最重要的工作。

一、放养密度

在放养前，幼蛙池要经过彻底的清池消毒。美国青蛙是两栖类动物，变态成蛙后营水陆两栖生活，以肺呼吸为主，皮肤呼吸为辅，其养殖密度基本不受水中氧气的限制。但由于美国青蛙

（特别是在幼蛙阶段）自相残杀的现象相当严重，因此，在幼蛙养殖阶段，放养密度也不能太高。一般每平方米水面体重 20 克以内的幼蛙放养 200 只，20～50 克的幼蛙放养 120 只，50 克以上幼蛙的放养 80 只。

二、食性驯化

由于蛙类的视觉生理特点，它只对活动的食物敏感，对静止的食物则很难发现。因此，在自然条件下或没有经过食性驯化的美国青蛙只吃活饵，不吃死饵。对于规模化养殖来说，要在蛙的整个生长阶段都投喂活饵，这是不太现实和不太可能的事。因此，必须对幼蛙进行食性驯化，让其接受死饵或人工配合饲料。食性驯化的成败是商品蛙养殖的关键。

食性驯化主要有两种方法。一种是在蝌蚪刚变态成幼蛙时开始。当 90% 左右的幼蛙登陆上岸后，先把面包虫（又叫黄粉虫）均匀撒播在蛙池的陆地部分，让幼蛙捕食，每天分 2 次投喂。三天后，幼蛙已习惯了捕食面包虫，这时就可把面包虫集中投放到饲料台上，使幼蛙形成到食台上进食的习惯。之后，开始用一部分颗粒大小与面包虫相当的颗粒饲料与面包虫混在一起投喂，使幼蛙在进食时不但会吃到面包虫，同时也吃到颗粒饲料。然后逐渐减少面包虫的比例，增加颗粒饲料的比例，最后过渡到以颗粒饲料完全取代面包虫，这样食性驯化就宣告完成。一般食性驯化过程大约需要 15 天时间。

另一种方法是对刚变态的幼蛙经过一段时间的强化培育后，使其达到体重 20 克左右的幼蛙，然后才开始驯化。因为刚变态的幼蛙体质弱，适应能力差，若立即驯食，稍有不当，会影响其成活率和生长。在强化培育期间，投喂适口的活饵，如蝇蛆、蚯蚓、面包虫、小鱼虾等，使幼蛙充分摄食，快速生长，增强体质。驯食时蛙的养殖密度要比较高，以造成群体大、争食强的效果。一般采取"以活带死，以动促活"的做法，利用活饵的活动带动死饵，或利用人工或机械的运动使死饵"动"起来。驯食时可把适口的小泥鳅、小鲫鱼等活饵与死饵（干、鲜鱼虾、蚕蛹、螺蚬肉、动物下脚料、膨化配合饲料等）一起投放到饲料框台中，利用活鱼的游动和蛙本身的活动而带"动"死饵，使蛙误以为是活饵而吞食。开始时死饵的比例小些，然后逐渐增加死饵的比例。这样经过一段时间的驯食，使蛙逐渐适应摄食死饵，直到形成主动摄食死饵的习惯。

三、饲料投喂

经过食性驯化后，幼蛙便可完全接受死饵或人工配合饲料。饲料可以自己用鱼粉、鱼肉浆、动物下脚料、花生麸、豆粕、麦糠等动、植物饲料原料以及必要的维生素和矿物质添加剂配制而成。饲料的蛋白质应以动物蛋白为主，动、植物蛋白的比例应在7：3左右，饲料的蛋白质含量应达到40%左右。但最好是投喂工厂生产的配合饲料。配合饲料有硬颗粒饲料和膨化颗粒饲料两种，硬颗粒饲料要在水面上的饲料台上投喂；而膨化颗粒饲料由于是浮性的，且水中稳定性高，可直接投喂到水中。

幼蛙阶段蛙生长快，食量大。投喂充足适口、营养全面平衡的饲料是这一阶段饲养管理的关键所在。幼蛙白天黑夜都摄食，尤以傍晚摄食最为旺盛。幼蛙一般每天投饲两次，早、晚各一次。每天的投饲量应以蛙的吃食状况为依据，以饱食不浪费为原则，一般以蛙在2小时内吃完为宜，日投饲率约为蛙体重的5%～10%。

四、日常管理

一般养蛙池由于水量少，水质容易变坏，因此在幼蛙养殖期间要注意水质管理，密切注意蛙池水质的变化，定期加注或更换新水，以保持水质清新。饲料台要经常清洗，并定期（每隔7～10天）用石灰水或漂白粉液消毒食台。防逃、防鼠和防蛇也是这一阶段日常管理中的重要工作。

美国青蛙具有同类相残的习性，在幼蛙阶段和饲料不足的情况下，这一现象尤为突出。因此在幼蛙养殖期间，一项不可忽视的工作是及时对幼蛙进行分疏，大小规格分养。这样既可减少大蛙吃小蛙现象的发生，又可避免小的个体因争抢不到饲料而生长受到抑制。在幼蛙养殖期间，一般每隔15～20天就要进行一次分疏和分级，以确保合理的密度和规格一致。分级的方法是把每个蛙池中个体特别大和特别小的蛙捕出，放到其他个体大小与之相近的蛙池中饲养，大部分规格比较接近的个体则留在原池中继续养殖。

第七节　成蛙养殖

一般把从体重 100 克开始一直到收获上市这一阶段称为成蛙养殖阶段。这一阶段的养殖技术和管理要点与幼蛙阶段基本相似。只是由于成蛙阶段蛙的个体较大，生长快，食量大，排泄物多，因此要投喂质优量足的饲料；并注意做好水质管理，才能保证蛙的快速正常生长和获得较高的产量。

一、放养密度

体重达到 100 克以上的蛙，可不用再经过分疏一直养殖到上市规格。这一阶段的养殖密度一般控制在 40 ~ 50 只/平方米左右。如果是水泥池高密度集约化养殖，放养密度可适当增加，但一般不要超过 70 ~ 80 只/平方米。

二、饲料投喂

经过食性驯化以后，规模化养殖美国青蛙一般都投喂人工配合饲料。配合饲料是以动物营养学为基础，根据所饲养动物的食性特点、生长阶段和营养需求而设计和配制而成的。作者曾经以鱼粉、花生麸、豆粕、麦糠和玉米等为主要原料，添加适量的维生素、矿物质、促生长剂和保健剂等配制成蛋白质含量为 40% 的硬颗粒饲料，饲料系数为 1.44。进行生产性试验，结果养殖的美国青蛙生长正常，病害少。

成蛙养殖期间一般每天投饲两次，早、晚各一次。投饲量视蛙的大小、温度高低及蛙的吃食情况等作相应的调节，在 20 ~ 30 ℃的生长适温范围内，日投饲率一般为蛙体重的 2% ~ 6%。投饲应以蛙能吃饱而不浪费为原则，一般个体越大的蛙，每天摄食量占蛙体重的比例就越低。

如果是留作种蛙的，则应在 3 月龄后开始适量控制饲料投喂量，以避免种蛙过肥，影响怀卵量和性腺的发育。在种蛙交配产卵期间，除了投喂一般的配合饲料以外，还需要补充一些鲜活的动物性饲料。

三、日常管理

成蛙与幼蛙在日常管理上基本上是相似的。成蛙期间由于蛙个体增大，活动能力增强，故防逃工作在成蛙养殖期间就显得更加重要。

成蛙养殖期间由于蛙的个体大、食量大、排泄物多，很容易造成水质恶化，尤其是高密度集约化养殖的水泥池。因此，成蛙养殖期间必须密切注意蛙池的水质变化，做到经常排污、换水，保持水质清新，保证蛙能在良好的生活环境中生长。食台也要经常清洗，在生长旺季一般每 1 ~ 2 天就要清洗一次。蛙池和食台都要经常用石灰或漂白粉进行消毒，以减少病害的发生。

第八节　蛙病防治

美国青蛙是一种适应性广、抗病力强的动物，在正常的情况下，只要饲养管理得当，一般不容易发生严重的病害。但由于种种原因，蛙病还是时有发生，有些蛙场甚至因发病而遭到毁灭性的打击。

诱发蛙病发生的原因是多种多样的，归纳起来主要有以下几方面：蛙池选址不当，蛙池不规范，如蛙池面积太大、塘基太陡等；放养前清池不彻底，环境条件差，使病原生物和敌害生物大量繁殖；种苗质量差，养殖密度过大，使蛙的体质变弱，容易感染病害；饲喂不当，投喂营养不足或发霉变质的饲料，投饲量控制不好，蛙时饥时饱；管理不善，没有及时做好排污和消毒工作。

一、蛙病预防

蛙病发生的原因不是单一孤立的，是蛙、病原体和养殖环境三者相互作用的表现，只有当这三者都达到了一定的条件，蛙病才会发生。因此，蛙病的预防也必须从这三方面入手。预防蛙病发生的主要措施有：

1. 放养优质种苗

优质种苗要求规格整齐、体质健壮、没有损伤、不带病原。

2. 做好"三消"工作

做好蛙池、蛙体和食台的消毒工作。蛙池在放养前及养殖过程中要定期用石灰、漂白粉、鱼菌清等进行消毒；种苗放养前要用3%的食盐水浸泡10分钟或用0.3 ppm的红霉素溶液浸泡20分钟；食台要定期清洗，并放到阳光下暴晒，并用漂白粉或石灰水浸泡消毒。

3. "四定"投喂饲料

投喂饲料要定时、定位、定质、定量。定时是指每天投饲的时间要固定；定位是指固定在食台上投饲；定质是指投喂的饲料要质量高、营养全面平衡、新鲜、清洁；定量是指投饲要适量，防止蛙时饥时饱。

4. 定期投喂防病药物

每隔15天左右，尤其是在夏秋季的发病高峰季节，定期给蛙投喂加入了土霉素（100～200克/吨蛙）、痢特灵（50克/吨蛙）、磺胺（100～200克/吨蛙）等防病药物的饲料，以预防蛙病的发生。

二、常见蛙病的防治

1. 水霉病

水霉病是真菌性疾病，由水霉菌寄生在蝌蚪或蛙的体表而引起。当蝌蚪或蛙的皮肤受伤后容易引起该病。水霉病多发生在春夏交替季节，感染该病的蝌蚪或蛙体表长着一团团白色棉絮状的菌丝，病蛙显得焦躁不安，食欲减退或停止摄食。

防治方法：

在捕捞和运输等操作过程中，尽量避免使蝌蚪或蛙受伤。发病的蛙池用0.1～0.2 ppm孔雀石绿全池泼洒，或用5 ppm的孔雀石绿溶液浸泡发病的蝌蚪或蛙15～20分钟。

2. 气泡病

气泡病是因蛙池底部过多的有机物发酵产生气泡，或池水中浮游植物密度过大，光合作用过强使溶氧过饱和而产生气泡，被蝌蚪误吞所致。夏、秋季是气泡病的流行季节，患病蝌蚪肠内充满气泡，腹部膨胀，肚皮朝上，漂浮于水面而死。

防治方法：

清除池底过多的有机质及淤泥，控制水质肥度，防止浮游植物过量繁殖。对发病的池子进行换水，或注入大量新鲜水，或将发病的蝌蚪转移到其他水质好的水体中暂养 1～2 天。

3. **红腿病**

红腿病是由嗜水气单胞菌感染所致，是蝌蚪、幼蛙及成蛙的常见病，四季流行，夏季是高峰期。蝌蚪发生此病一般在后肢芽形成期，患病蝌蚪腹部呈现血斑块，并在水面打转；幼蛙或成蛙发生此病表现为腹部及腿部肌肉呈点状充血，严重时全部肌肉充血红肿，肠道充血，并发多种炎症溃烂。

防治方法：

蛙池要定期换水，并经常用石灰、漂白粉、"鱼菌清"、"鱼用博灭"等对蛙池和食台进行消毒。病蛙用 10% 食盐水浸泡 10 分钟，连续 2 天，或用 2 ppm 的"药浴博灭"浸泡 20 分钟，连续 2～3 天。在饲料中加入土霉素、"蛙必康"或"农福 4 型"等药物，每天 1 次，连用 3～5 天。

4. **胃肠炎**

该病与水质受到污染、摄食腐败变质及不清洁的饲料有关，或因暴食，造成消化不良而引起，蝌蚪、幼蛙、成蛙均会发生。此病流行于春夏之交和夏秋之交。病蛙体形膨胀，有些肛门红肿、发炎，剖开蛙腹可见胃肠有充血发炎现象，病蛙瘫软无力，行动迟缓，躺于池边，连续数日不吃不动，7～10 天左右便会死亡。

防治方法：

加强饲养管理，投饲时要做到"四定"，并经常对蛙池和食台用漂白粉、"鱼菌清"、"鱼用博灭"等进行消毒。在饲料中加入痢特灵、"蛙必康"投喂，连续 5 天。

5. **烂皮病**

烂皮病主要是营养缺乏病，长期投喂缺乏维生素 A、D 和 B

族维生素的饲料容易引起该病，该病多发生在幼蛙阶段；因皮肤损伤导致细菌感染也会发生此病。发病初期病蛙的某些部位如背部、头部、四肢等处的皮肤失去光泽，出现白花纹，又叫淡化变异，2~3天后表皮层脱落，露出白色真皮层并开始腐烂，5~6天后内皮脱落露出红色的皮下肌肉，病蛙不吃不动直至死亡。

防治方法：

投喂的饲料要多样化，营养要全面平衡，避免长时间投喂营养不全面的单一饲料。在饲料中添加维生素 A、D 和 B 族维生素，或添加鱼油和新鲜动物肝脏等富含这些维生素的物质。在饲料中加入"蛙必康"、"强克 99"、"强克 103"等药物投喂。

6. 肝肿大病

该病由嗜水气单胞菌感染所致。病蛙外观肥胖，后肢粗大，肌肉僵硬，皮肤出现大小不规则的表皮溃疡斑，解剖内脏发现肝脏极度肿大，呈灰白色、土黄色或青灰色，胆囊肿大。

防治方法：

严格控制放养密度，定期用石灰、漂白粉、"鱼菌清"、"鱼用博灭"等消毒水体，以保持良好的栖息环境。在饲料中加入复合维生素、"蛙必康"、"农福 4 型"或"强克 99"投喂，连续 4~6 天。

7. 脑膜炎（歪头病）

该病由败血产黄杆菌感染所致。病蛙表皮发黑，脖子歪斜朝向一边，厌食懒动，身体失去平衡，游动时身体打转，严重时常与白内障病（白眼病）同时发生，解剖病蛙可见肝、肾、肠等器官有充血现象。

防治方法：

加强饲养管理，切实做好水质、食台和饲料的消毒工作。在饲料中加入"蛙必康"投喂，每半个月一次。发病的蛙池用"鱼用博灭"全池泼洒，同时投喂"蛙必康"，连续 3~5 天。

8. 白内障病（白眼病）

白内障病是由吸虫类寄生虫侵入蛙体或由细菌感染所致。病蛙的眼睛有一层白膜，呈白内障状，体色变黑，严重时双眼失明，无法摄食，消瘦，解剖发现肝肿大，呈紫色或紫红色，胆囊严重水肿。

防治方法：

放养前用生石灰、漂白粉彻底清塘消毒，杀灭寄生虫的中间宿主椎实螺。加强水质管理，经常换水，定期用石灰、漂白粉、"鱼菌清"等全池泼洒消毒，并泼洒硫酸铜以杀灭寄生虫。在饲料中加入"蛙必康"投喂，每半月一次。

第九章　罗氏沼虾的养殖

罗氏沼虾又名马来西亚大虾，是世界上最大型的淡水虾之一。具有生长快、个体大、肉味美、食性杂、生产周期短、经济效益高等优点。1961～1962年，华裔生物学家林绍文，在马来西亚开展罗氏沼虾人工繁殖获得成功，随后在泰国、马来西亚和中国台湾等国家和地区，逐步形成大规模的商品化生产。

我国自1977年由原广东省水产研究所（现中国水产科学研究院珠江水产研究所）试养成功后，罗氏沼虾的养殖发展很快，现已成为经济虾类的主要养殖对象，养殖遍及两广、江浙、福建、海南等二十多个省市。广东省养虾区域主要分布在斗门、中山、新会、肇庆等地。1995年，全省养虾面积已发展到12万亩，亩产146公斤；到1997年，养殖面积达13.7万亩，占全国罗氏沼虾养殖面积的80%以上，亩产185公斤，高者达300～500公斤，养殖也由一造增加到两造甚至三造。

第一节　经济价值

罗氏沼虾素有"淡水虾王"、"淡水龙虾"之称。在东南亚的天然水体，雄虾体长达40厘米，体重200克，是沼虾属中个体最大的一种。其肉质鲜嫩，美味可口，营养丰富。除供鲜食外，还可加工成干品。据测定，每 100 克罗氏沼虾肉的蛋白质为 16.4 克，与对虾相当，而比河蟹、鲫、鲤和草鱼高。

除了食用外，在我国传统的医学著作中还记载有虾类的药用价值，而且，其甲壳富含甲壳素，在工业上有很广泛的用途。

第二节　生物学特性

一、形态特征

罗氏沼虾的体色呈青蓝色，间有棕黄斑纹，但也常常随着水色的不同而变化。水体透明度大，体色就变淡，相反则变深。体形呈圆筒状，左右侧扁，由 20 个体节组成，头部 5 节，胸部 8 节，腹部 7 节；头部和胸部愈合成头胸部，头胸部粗大，腹部自前向后逐渐缩小，末端尖细；头部 5 对附肢依次为：第一触角、第二触角、大颚、第一小颚和第二小颚；胸部有 8 对附肢，前 3 对为颚足，后 5 对为步足；腹部附肢 6 对均为双肢型，其中前 5 对扁平呈桨状，有游泳、跳跃、抱卵功能，第六对腹肢与尾节构成尾扇。雄性个体第二步足特别发达，多呈蔚蓝色。

二、生活习性

罗氏沼虾从受精卵到成虾所经历的几个发育阶段，其形态和生活习性都不尽相同。它们在淡水中生长、发育成熟，然后群集于河口半咸水区域进行交配、产卵。刚孵出的幼体即蚤状幼体，在盐度 8‰ ~ 22‰水域中发育生长，经 11 次蜕皮变成仔虾，形态已与成虾相似。变态后的仔虾开始溯河洄游入淡水区域并转向底栖生活。

罗氏沼虾是热带虾类，生长适温为 25 ~ 30 ℃，最低水温下限 14 ℃，最高水温上限 35 ℃。当温度超过 33 ℃或低于 18 ℃时，活动减弱，摄食减少，生长缓慢，死亡率增大。罗氏沼虾对水质要求较高，喜水质清新，当水中溶解氧低时，会造成虾浮头，并群集于池边，反应迟缓，严重时会窒息而死。

罗氏沼虾主要营底栖生活，平日多分布在水域边缘，喜欢攀缘于水草、树枝或其他固着物之上，有时也在池中缓慢游泳，但不像鱼类那样迅速和敏捷。白天，多处隐蔽状态而活动较少，但在投饵时也会进行觅食。到了夜间，活动则较为频繁。产卵多在夜间进行。

三、食性

罗氏沼虾属杂食性虾。在不同的生长发育阶段，所要求的食物组成是不同的。刚孵出的蚤状幼体至第一次蜕壳前，以自身残留的卵黄为营养物质；经第一次蜕壳之后，虽然还残留有部分卵黄，但开始摄食小型浮游动物如丰年虫无节幼体。经 4～5 次蜕壳后，个体逐渐长大，可摄食煮熟的鱼肉碎片、鱼卵、蛋品等。淡化后的幼虾则变成杂食性。成虾阶段则一般喜食动物性饵料。在人工养殖下，以投喂商品饵料为主，天然饵料为辅。在条件好的地方，特别是在高密度养殖情况下，常用多种饲料混合加工成大小适口、营养配比合理的颗粒饵料。

四、蜕壳与生长

罗氏沼虾的蜕壳（在幼体阶段称为蜕皮）与幼体发育、变态、幼虾和成虾生长、附肢再生以及亲虾产卵繁殖等有直接的关系，这些阶段的完成都是通过蜕壳来实现的。因此，幼体的蜕皮和成体的蜕壳不仅是罗氏沼虾发育变态的一个标志，也是个体生长的一个必要过程。依功能而论，分生长蜕壳、再生蜕壳和生殖蜕壳 3 种。

罗氏沼虾以其生长快、个体大而引起人们的兴趣。人工养殖条件下，每亩放养 2～3 万尾淡化苗，经过 120～140 天的养殖，平均体重为 15～20 克，大者可达 60～70 克。如果将越冬后的幼虾（体长 5～6 厘米）在春季放养，到年底雌性虾可达 60～70 克，雄性虾达 200 克。

五、耐药性

罗氏沼虾对敌百虫非常敏感，在 0.8 ppm 的有效成分为 90% 的晶体敌百虫药液中，2～3 小时虾就开始不安，沿池壁惊游，不时来回弹跳，继而活动逐渐迟滞，呈强直性痉挛侧卧池底，最后死亡。若历时 9～10 小时，死亡率达 100%。在 0.4 ppm 浓度中 14 小时全部死亡。即使在 0.2 ppm 浓度中生活 38 小时，死亡率也高达80%，0.2 ppm浓度以下也难以忍受。因此，该药液在养虾池应禁止使用。

罗氏沼虾在0.5~1 ppm漂白粉液中生活36小时仍没有死亡，但当浓度提高到1.5 ppm，经36小时死亡率可达40%。一般常用的1 ppm浓度漂白粉，对罗氏沼虾没多大的危害。

在25~30 ppm的生石灰溶液中，罗氏沼虾经36小时活动正常，无死亡现象。可在养虾塘使用25 ppm以下浓度的生石灰溶液。

在鱼虾混养的池中，当使用鱼药治疗鱼病时，应充分考虑到该药对罗氏沼虾的危害性，务必做到鱼虾兼顾，防止"救鱼死虾"的现象发生。

六、繁殖习性

雌性罗氏沼虾性成熟的最小体长为8厘米，体重12克；雄性为10厘米，体重25克。在人工养殖条件下，一般经过4~5个月饲养，即可达到性成熟。一般体重30~60克的，怀卵量4~8万粒。罗氏沼虾产卵期的长短与水温的高低密切相关。在我国南部的广西、广东一带，其自然产卵时间通常从4月上、中旬开始，11月中、下旬结束，历时7个多月，尤以5~8月为产卵盛期。采用人工控温的办法，使水温保持在25℃左右，并给予较好的饲养管理条件，既能使罗氏沼虾提前产卵，又可做到常年交配产卵繁殖，每次产卵间隔30天左右。罗氏沼虾在雌虾临近产卵前才进行交配。交配前，雄虾主动接近雌虾，守护在雌虾身旁。不久就开始进行产卵前的生殖蜕壳，雄虾趁雌虾新壳未硬化之前，用强大的第二对步足抱住雌虾，腹部相贴，两虾同时侧卧水底。交配时，雄虾排出精荚粘附在雌虾第四和第五对步足基部之间。一般在交配后24小时内产卵。产出的卵与精荚中放出的精子相遇，即完成受精过程。

罗氏沼虾刚产出的卵为橙黄色，随着胚胎发育变为红色、褐色，到浅灰色时蚤状幼体即将孵出。蚤状幼体是罗氏沼虾整个生命周期中惟一在咸淡水中度过的生命阶段。在此期间，幼体在一定的盐度、温度、溶解氧和饲料等适宜生态条件下，历时1个月左右，经 11 次蜕皮后变态成仔虾。整个蚤状幼体周期共分 11 个阶段，刚孵出的幼体称作第一期幼体；第一次蜕皮后称第二期幼体，第二次蜕皮后称第三期幼体，余类推。

幼体培育 25 ~ 27 天，蚤状幼体变态成仔虾。平均体长约 6.54 毫米，反比第十一期幼体稍短。外部形态已与幼虾相似，水平游泳，行底栖生活，喜在水槽壁上和底部爬行，也喜栖息于水槽内的其他物体上。杂食性。经淡化后，进入幼虾生长阶段。从此，终生在淡水中生活。

第三节　罗氏沼虾的繁殖

一、孵化场的建造

1. 孵化场的选址

罗氏沼虾孵化场址的选择要满足三个条件：水质好，无污染，水源充足；交通设施良好，远离工厂或生活区；地形适宜，供电方便。

罗氏沼虾幼体发育阶段必须在咸淡水中度过，所以必须有充足的淡水、海水资源。育苗用的淡水可取自无污染的河流、水库或地下水。自来水也可作为孵化用水，但必须经过 24 ~ 28 小时的充分曝气，除去所含氯气。如用地下水，也需曝气处理，使溶解氧达到饱和或接近饱和。海水可直接采用无污染海区的天然海水或利用盐场浓缩海水进行稀释，也可人工进行配制。

2. 越冬池和亲虾培育池

越冬池在前期用作亲虾越冬用，后期（开春后）亲虾在原池进行强化培育。越冬池不宜太大，池子太大，不仅挑选抱卵虾时操作不便，另外由于亲虾多，也易造成抱卵虾的卵块脱落。一般以 40 ~ 50 米^2 为宜，形状以长方形为好，长宽比约为 4∶1；池壁用砖或石块砌成，池深 1.2 ~ 1.3 米，水深保持 1 米左右，池底用水泥抹平或铺上 30 ~ 40 厘米的海沙。

3. 育苗温室

育苗温室要求光线充足，保温性能好。一般四周墙壁为砖结构，屋顶用玻璃瓦覆盖，四壁安装宽大的窗子，并配置窗帘以调节光线。

育苗池建造在育苗温室内，育苗池一般为长方形，面积 6 ~ 8 米^2，宽度 1.5 米左右，高 0.8 ~ 1 米。池子成对排列或每 4 个为一组成十字形排列，可减少占地面积，且易于操作。

二、人工繁殖

1. 亲虾的选择

亲虾应选择 1 冬龄的个体，雌虾体重在 20 克左右，雄虾体重在 30 克以上，健康无病，附肢完整，特别是雄虾的第二步足和雌虾的游泳足应无缺损。雌雄比例为 4:1 或 5:1。

2. 放养密度

亲虾培育池若装有增氧设备或有流水，每平方米可放 20 ~ 25 只，一般的池子可放 10 ~ 20 只。

3. 饲养管理

水温调节 适宜的水温是亲虾越冬、性腺发育极其重要的条件。在越冬早期水温不宜过高，以免亲虾活动频繁，摄食量增多，耗氧量大；但水温低，亲虾体弱，将影响性腺的发育，一般保持在 20 ℃左右。在繁殖前 1 个月将水温逐步提高到 26 ~ 28 ℃。

充足的溶解氧 保持池水中有充足的溶解氧是日常管理工作的关键。要经常用空气压缩机增氧，保持水中溶解氧在 3 毫克/升以上。如果条件许可，可以适当换水，改善水质。

投饵 营养物质是亲虾性腺发育的物质基础。它所吸收的养分除了保持自身新陈代谢所需的能量外，还要满足性腺发育的需要，因此，在饲养过程中应重视饵料的质量和数量。越冬早期投喂用鱼粉和米糠（比例为 3:7）混合的颗粒饵料较好。繁殖前期即提高水温后，除投喂颗粒饵料外，还应间隔投喂些鱼肉、鱿鱼仔、蚯蚓等动物性饵料。饵料每晚投喂 1 次，投喂量为亲虾体重的 5% 左右。

此外，在日常管理中，要认真观察亲虾活动情况，并着重观察亲虾性腺发育情况，如卵巢体积、颜色的变化（从绿色变成橘黄色）等。为防止雌虾在产卵前蜕壳时受伤，可提前将已发育成熟的雌虾移出，单独饲养，让其进行产前蜕壳，蜕壳后 2 ~ 3 小时，壳即变硬，此时再将雄虾移入，进行交配产卵。

4. 亲虾产卵与孵化

成熟亲虾在水温适宜（24 ~ 30 ℃）时开始产卵，同时受精、孵化开始。产卵、孵化期间，既要做好抱卵亲虾的饲养管理工作。又要保证虾卵孵化所需的环境条件，其中以温度、盐度、溶解氧以及饵料等尤为突出。

水温　适宜水温为 24 ~ 30 ℃，最适范围是 26 ~ 28 ℃。在适温范围内，随着水温升高，孵化速度加快。如水温不符合要求时，应及时采取措施，以满足亲虾产卵、孵化所要求的水温。

盐度　当虾卵由橙黄色变成橘黄色时即进行产卵，卵巢变成灰色时表明已产完卵。这时，每天应加入少量海水，至快孵化时，调整池水盐度为 12‰ ~ 14‰，以提高幼体孵化速度。或直接将抱卵虾移入盐度为 12‰ ~ 14‰ 的咸淡水中，也能收到同样的效果。

饵料　亲虾产卵、抱卵期所需的饵料与亲虾培育期基本一致，但更要注重质量和数量，使有利于孵化，又有利于下一批卵成熟。在孵化期间，要尽量避免捕捉亲虾。孵化池既要求光线充足，空气流通，又要防止太阳光直射和雨淋及水温、盐度的变化过大。

5. 幼体培育

罗氏沼虾幼体培育，即蚤状幼体的培育，是在育苗池中进行的。一般应提前 7 天将抱卵虾移入幼体培育池，待幼体全部破壳孵出以后，将亲虾捕起，只留下蚤状幼体继续培育。

罗氏沼虾幼体发育变态时间较长，且对环境条件敏感，因而池水的盐度、水质管理、饵料的适口及丰歉、充氧、水温控制、光线调节等，都是育苗时需掌握的关键措施。

育苗用水　罗氏沼虾蚤状幼体必须在咸淡水中才能正常发育，但对盐度要求并不十分严格，适应范围为 8‰ ~ 20‰，一般常用 10‰ ~ 15‰，最适为 12‰。

育苗用水必须经过过滤，以杜绝大型浮游动物进入育苗池。

咸淡水可以将天然海水兑淡水配制成，也可配制人工海水。人工配制海水配方：每1 000公斤淡水加氯化镁1.5公斤、硫酸镁1.5公斤、氯化钙360克、氯化钾200克、食盐10公斤。海水盐度的配制通常是先测定水中的比重，然后再换算成盐度。简易换算方法如下：

A. 当测它的水温大于17.5 ℃时

盐度（S‰）＝1 305（比重－1）＋（17.5－水温）×0.3

B. 当测定的水温小于17.5 ℃时

盐度（S‰）＝1.305（比重－1）－（17.5－水温）×0.3

用天然海水兑淡水配成适用的咸淡水的计算方法是（单位：米^3，‰）：

$$淡水用量 = \frac{（天然海水浓度×天然海水用量）－（配成后咸水浓度×天然海水用量）}{配成后咸淡水浓度}$$

配制好水的盐度后，育苗用水需经沉淀才能进入育苗池。切忌在育苗池直接配制。水温也要预先调控好，幼体发育的最佳水温范围为26～28 ℃。水温低于230（二时，幼体下沉伏底，逐渐死亡；水温高于30 ℃时，其发育加快，但成活率不高。当幼体需要过池时，两池水温差应少于2 ℃。此外，pH值一般保持在7～8之间。

育苗密度 虾苗培育池一般每平方米面积放养1～2只（约40～50克）卵子发育接近的抱卵亲虾，进行产卵、孵化，然后视幼体数量再分池。一般要求每立方米蚤状幼体的密度为5～7万尾，出苗约3～5万尾。

投饵 刚孵化出的幼体靠自身卵黄营养维持生命，此时不用投喂；经2～3天第1次蜕皮进入第二期蚤状幼体时才开始摄食，此时可投喂丰年虫无节幼体；当进入第五、六期蚤状幼体时应增加投喂少量煮熟的鱼肉碎片（以鲢鱼为最好）或蛋品。每天分早、中、晚3次投喂，每次投喂要适量，以刚好够食为原则。投喂鱼肉碎片时，必须十分仔细，要经过充分漂洗，去除鱼皮鱼骨及脂肪性物质；大小要适口，投喂时用吸管徐徐滴入。

水质 在幼体培育过程中，除不断充气补充氧气和适量换水外，还应特别注意水质变化，亚硝酸盐和氨氮含量应控制在 1 毫克/升以下，pH 值为 7~8。当发现水中氨氮和亚硝酸盐含量显著增加或者幼体活动缓慢、体色变黑下沉、摄食不良等现象时，必须及时换一部分水或将幼体移入另一个池。水中含有锌等重金属离子时，应用 10 ppm 的乙二胺四乙酸（EDTA）处理。

病害防治　幼体培育时密度高，投喂次数多，因而水中有机质或溶解有机质很多。如果管理不当，将引起水质恶化、病菌或原生动物等大量繁生，细菌或原生动物附于幼体的鳃和甲壳上，影响呼吸和活动，感染严重时引起幼体大量死亡。目前幼体的疾病尚无理想的治疗方法，因此应以防为主。育苗池和工具要彻底消毒；培育过程中要保持水质清新，每隔数天向水中泼洒 1~2 ppm 的链霉素或青霉素，或泼洒 0.5 ppm 的红霉素。

淡化　当蚤状幼体有 90% 以上变态成仔虾时，就可以进行淡化驯化工作。淡化前，可先把未变态的幼体用手抄网捞起移至其他培育池继续培育，然后将橡皮管置于池中的一端徐徐加入淡水，池的另一端用橡皮管把咸淡水吸出。进出水量要相等，至整个育苗池完全变成淡水为止。整个过程可在 6~8 小时内完成。

三、幼虾的培育

一般来说，淡化后的仔虾即可直接进行成虾养殖。但淡化苗只有 0.7~0.9 厘米长，体质幼嫩，摄食和抗病力较弱，成活率较低。如有条件的，应进行标粗培育到 3 厘米时才转放到大塘养殖。

幼虾培育可用土池、水泥池或网箱。面积在 80~100 米² 左右，水深 0.8~1 米。土池的底质以沙质较好，若淤泥太深，应该清除并消毒后才可放苗。池塘每平方米放苗 250~300 尾，若有增氧设备可增至 1 000 尾；网箱每平方米可放养 2 000~3 000 尾。饵料一般采用花生麸、豆渣、鱼粉、鱼肉等，投喂量可按幼虾体重 15%~20% 计算，每天分 3 次投喂。饲养良好的，约 1 个月可长到 2.5~3 厘米。

幼虾培育期间的日常管理工作主要应抓好两方面工作：保持水质清新，溶解氧高，及时注水、换水。

搞好遮阳设施，投放隐蔽物。夏日水温过高不利于幼虾生长，应在池的一端架设竹帘等物遮阳或在池内投放水浮莲、假水仙等。幼虾具有互相残害的习性，特别是幼虾刚蜕壳，虾壳未变硬、行动缓慢时，容易被同类残食，应投放一些掩蔽物，如瓦片、砖块、竹枝等，有利于提高幼虾的成活率。

第四节　成虾养殖

一、池塘条件

成虾养殖池无特殊结构要求，凡能养鱼的池塘均能养虾，但和养鱼一样，池塘条件的好坏直接影响到虾的产量，在选择池塘时要注意这点。

养虾池塘每口面积 5 ~ 10 亩，水深 1.5 ~ 2 米，淤泥少，塘底平整，塘埂坡度要比较平缓以增加浅水区，有利于虾的栖息、脱壳，水质肥度适中。虾塘应靠近水源清新的河涌，远离施放农药的作物地，有良好的换水条件，最好每口虾池配置 1 台直径 20 厘米的水泵和 1 台 1.5 千瓦的增氧机。

二、放养前的准备工作

1. 晒塘、毒塘

在 11 月前后，将塘水排干，清理淤泥，让底泥风化；每亩用生石灰 100 公斤，用水溶解后全塘泼洒（包括塘边）；然后晒塘，力求把塘底晒至龟裂。

毒塘掌握在放苗前 15 天左右进行。每亩用 500 克敌百虫（晶体）或 50 ~ 100 克速灭杀丁（或兴棉宝）溶于水中全塘泼洒，把塘中杂虾杀死；同时，每亩用 20 公斤左右的茶麸，打碎后用编织袋装成大半袋放在塘中没顶浸泡。第 2 天每亩用 75 ~ 125 公斤生石灰溶解趁热连同茶麸全塘泼洒（旧塘或酸性塘可酌情增加）。

2. 施放基肥

毒塘 2 ~ 3 天后，每亩用 75 公斤左右的绿肥，在池塘北边水中一小堆一小堆地堆放，每 2 ~ 3 天把绿肥翻动 1 次，让其充分腐烂分离，以培育罗氏沼虾苗的天然饵料。

3. 种茜

在毒塘后，保留 50 ~ 60 厘米水深，在塘底均匀地栽种茜草 8 ~ 16 棵，每棵 10 ~ 15 株，株高露出水面，以接受阳光有利于生长。种植茜草可降低塘水肥度，保持水质稳定，为虾造就良好的隐蔽环境，增加虾的立体攀附空间，减少因塘底虾的栖息密度大而引起互相残食的机会。

4. 试水

在放虾苗前 1 ~ 2 天试水。办法是在塘下风处设一网池或一竹箩，底部离塘底 10 ~ 20 厘米，内放几尾小鳙鱼和一些小土虾（虾要健康活泼、不带卵），用脚在网（箩）底将水搅动，试水 24 小时。如网（箩）内鱼、虾仍活跃没死亡，证实池塘的毒素已消失，方可放养虾苗。

三、养殖方式

罗氏沼虾可单养，也可混养。广东省多采用前者养殖。

（一）单养

1. 放养量

每亩一般放养 2 ~ 3 万尾虾苗，规格为刚淡化的幼体。放虾苗后 25 天左右，每亩放 40 ~ 60 尾 50 ~ 250 克的鳙鱼和 10 ~ 20 尾 50 ~ 100 克的鲢鱼以净化养殖水体，旧塘、肥塘可适当多放些。

2. 投饵

虾苗期的 30 天内，虾苗以浮游动物为饵。为了防止天然饵料的不足，每天每亩可适量补充黄豆粉或花生麸 0.75 ~ 1.25 公斤或鸭蛋 0.5 ~ 0.6 公斤，分早、午、晚 3 次投喂。黄豆粉和花生麸可直接兑水泼洒，鸭蛋则要蒸熟后去壳、去蛋白、加水，再用纱网滤成小颗粒后投喂。1 个月后，可转投含粗蛋白 30% 以上的人工颗粒饵料。由于罗氏沼虾喜底栖，且有占据地盘、互相残杀的习性，因此投饵时应注意两点：一是投喂充足、少量多次，日投喂量约为存塘虾量的 40%，分早、午、晚 3 次投喂。由于罗氏沼虾有昼伏夜出、夜间觅食能力强的特征，故夜晚投料尤为重要。投饵的时间一般选择在上午 8 时、下午 4 时和晚上 10 时，并按

3:3:4的比例投喂;二是投喂要均匀,这是针对罗氏沼虾全塘分布、占据地盘的特点,进行全塘均匀撒饵料,以避免引起虾群聚集而互相残杀,并且使部分小虾有进食机会。罗氏沼虾具有肉食习性,适量投喂福寿螺肉和下杂鱼可加速其生长,产量每亩可高出30～50公斤。1公斤福寿螺肉或下杂鱼相当于0.5公斤颗粒饵料。

3. 水质管理

虾苗投放时池塘水深约0.6米,15天后逐渐加高水位,到高温季节要加至最高水位。水质保持中等肥度,溶解氧在5毫克/升以上,透明度在30厘米左右;每月每亩施生石灰5～8公斤,使水质呈弱碱性,以促进虾蜕壳生长,在水质变坏时要及时注入新水,进水时须防止水源的敌害进入。高温季节要坚持早、午、晚巡塘,发现虾浮游应立即开动水泵和增氧机,防止虾缺氧死亡。由于高温季节的清晨气压通常较低,故在此期间的清晨4～7时应开动增氧机,以防缺氧。

4. 合理、及时收获

"一次放足,捕大留小,分批上市"是多年实践总结出来的经验。一般来说,4月上、中旬投放的虾苗,到7月有一部分可长至80尾/公斤,此时虾价较高,应将这部分收获上市。同时,塘经捕疏后可加速余下部分虾苗的生长。这样分3～6批收捕上市至11月底,赶在水温降至14℃前收捕完毕。

5. 早苗培育和成虾越冬

广东养殖罗氏沼虾规模大．产量高,但存在明显的季节性,通常每年4月投苗,11月要收获完毕,过早投苗和过迟收获都可能使虾冻死。因此每年临近入冬,产品上市集中,虾价暴跌,严重影响了养殖者的收益,而冬春期间市场缺少虾类供应,虾价高涨。根据以上情况,可采用搭棚盖尼龙薄膜保温的方法,提早在2月底、3月初投放第一批虾苗,养至6月底、7月初收获(6月初开始上市,7月上旬上市完毕);7月底清塘,8月初放养第二造虾苗到次年初上市。这样一来可以错开上市时间,缓解市场余缺,争取获得较好的经济效益;二来争取一年养两造虾,达到提高产量的目的。

（1）早苗培育

广东 2~3 月水温大致在 16~18 ℃，连续晴天可以升至 20 ℃以上，但仍不时有寒潮南下，导致水温急剧下降。虾苗在没有保温设施的池塘会被冻死，造成二次投苗及相应费用的加大。用于培育早苗的保温设施有两种，一是在养虾塘的背风处用薄膜和拦网将一部分水体与虾塘分隔开来，分隔的水体大小视培育虾苗数量而定。其水面约 2/3 盖上薄膜。寒潮期间在没有盖薄膜的水面上铺放一些稻草或葵树叶。二是利用越冬成虾上市后空出的保温棚培育。

放养密度 此时培育虾苗 20~30 天，即可将淡化虾苗培育成 2 厘米以上的幼虾，时间短，培育密度可以很大，每亩可培育 1 000~1 200 万尾。

培育方法 刚放入池的淡化虾苗以投喂蒸蛋为主，蒸熟后的蛋黄用纱布滤出蛋粒，然后进行漂洗，除去可溶性物质，以减少水体污染，然后把熟蛋粒搅成悬液投喂。开始时每万尾虾苗投喂一只蛋的蛋黄，以后每 5 天增加一只，同时兼喂煮熟的鱼肉糜或泡烂的花生麸。

日常管理 重点是水质管理。此时的虾苗培育密度很大，务必每天注意水质的变化。早期虾苗个体小，吃食量小，排污量也小，对水体影响不大。随着时间的推延，水色会越来越浓，水质变肥，所以在晴天，水温较高的天气应抓紧套换水，改良水质。必要时增设增氧机加氧。

分疏出池 到 3 月底、4 月初水温稳定在 20 ℃以上，而虾苗已长至 2 厘米以上时，培育池内密度相对较大，故要及时拆除围网、薄膜，出塘，转入大塘养殖。拆除前可拉网粗略估算成活率，以便准确计算投喂量。

（2）成虾越冬

虾塘的选择 池塘水面 2~5 亩较为适宜，呈长方形东西走向，水深 1.5~2 米，淤泥少。这样的池塘便于搭棚，如面积过大，受风力的影响而容易吹翻，造成不应有的损失。

棚架的搭设 棚架的构筑要牢固，以防被风吹坏。棚架用角铁或杉竹作材料都可以。棚面呈人字形，坡度为 1：4 或 1：5，尽量减少高度，减少风力的影响又能把雨水泄去。棚架的每个转角处或突出的竹尖都必须除去或用破布包扎好，防止风力的磨擦而穿孔入风漏雨。在棚架上盖上 2～3 纱 5×5 厘米的尼龙网，然后盖上尼龙膜，在尼龙膜上再盖上一层 2～3 纱 20×20 厘米的疏网以防风把薄膜吹烂，薄膜与两层网边脚都必须拉紧，并用泥土盖埋严实以防吹翻。

越冬虾入池天气的选择 根据不同地区，选择不同的时间做好越冬的一切准备工作，包括联系越冬虾来源，不应距离过远以免在搬运时造成损伤；注意天气预报而不要急于入池，最好选择寒潮（气温降至 16～17 ℃）到来之前一星期的晴朗天气；入池后不应急于盖膜，待水温明显变低时才组织人力迅速覆盖薄膜，否则气温回升时易使水质变坏。

越冬虾个体大小的选择 以每公斤 70～80 尾的次级虾为宜。次级虾成本低，越冬期间还会继续长大。据观察，入池时每公斤70 尾，越冬后出池时一般都能达到 50～60 尾/公斤。

越冬虾的放养密度 近年来的实践证明，每平方米放养 1 公斤虾平均成活 60% 且病害多，每平方米放养 0.7 公斤成活 80%，也就是每亩放养 450～500 公斤较为适宜。低于 450 公斤浪费水面，超过 500 公斤密度过大容易造成缺氧和引发病害。

越冬池的增氧设备 视越冬池的情况而设，充氧器有大型鼓风机和小型气泵两种。大型鼓风机可根据面积适当调节风力，120 W 小型气泵可管 100 米^2 面积的充气。充气石每 4～6 米^2 放置一个。

越冬期间的管理 商品虾越冬一般不必人工加温。棚膜内保温在 17 ℃ 以上，棚外气温在 20 ℃ 以上时，可在无风晴朗的白天打开两头通气。根据天气变化而调节充氧时间的长短，晴朗天气打开两头通风时，可间歇停 2～3 小时；温度低全封闭时，每天必须开机充氧 16～22 小时，特别是夜间更不能停机。

由于越冬虾密度大，池内可放置竹枝、树枝或吊放网片，增加其立体栖息空间，间接减少密度。密切注意水质的变化，抓住时机适当换水。棚外气温在 22 ℃ 以上的晴朗天气抓紧时间换水，保持水质清新。换水量一般为养殖水体的 1/4 或 1/5 较适宜。

每天两次投喂优质的颗粒饲料，总投量为虾重的 1% ~ 2%，前期可多喂到 3%，入池 50 天后不能超过 2%，以免水质败坏。坚持每天巡查数次，重点检查覆盖薄膜的破损和虾的活动情况，发现问题及时处理。

（二）混养

混养是以养殖鱼类为主，兼养罗氏沼虾。在鱼类正常放养密度下，每亩投放 3 ~ 4 厘米幼虾 500 ~ 1 000 尾或淡化虾苗 5 000 尾左右。在只给鱼投饵而不给虾专门投饵的情况下，不影响鱼的产量，同时每亩可增收成虾 15 ~ 20 公斤，高者近 50 公斤。

此外，罗氏沼虾还可以在网箱或围网、稻田养殖，各地可根据自身的实际情况，充分利用自然条件养虾创收。

第五节　虾病防治

罗氏沼虾在我国虽已有近 20 年的养殖历史，但对其疾病的发生、病理以及防治对策还未做过深入和系统的研究。从目前的情况来看，必须给予高度重视。近年来，广东省肇庆市、斗门县等地发生的虾病已使一些虾农蒙受很大的损失。随着养殖时间、面积的增加，以及池塘的老化，虾病将会进一步扩展，在及早找出防治方法的同时，必须做好全面预防工作。

一、纤毛虫病

幼体体表呈灰白色绒毛状，虾体发白，严重者体表覆盖一层灰色绒毛状物，成虾的附肢和头胸甲被大量附着时，呈现浅黄色或黄褐色绒毛状物，肉眼看去有粗糙感，鳃则呈现土黄色或黄褐色，外观为黄鳃、黑鳃或烂鳃状，镜检可见大量纤毛虫粘附。

该病为多种纤毛虫（钟形虫、聚缩虫等）在虾体上共生、共栖和寄生，大量附生时影响虾的呼吸、运动和摄食，病虾无法脱壳或脱壳困难，生长受阻，附肢脱落，眼球变瞎，严重者在水面打转或呆游于池边，直至死亡。该病多发生在水质污浊、有机质含量过高的静水池，一般在夏秋高温阴雨天、溶氧量低时易发病。

防治方法：

经常换水可减少有机物，改善水质并促使病虾脱壳，达到防治目的。

0.5～0.7 ppm 硫酸铜，全池泼洒。

二、黑斑病

黑斑病又称褐斑病、甲壳病。

早期病征：病虾体表呈小褐点，继而凹陷成小窟窿；随着病情发展，损伤面加深、加大，损伤边缘呈灰白色，细菌十分活跃，表壳患处因黑色素沉着而变褐、变黑。严重感染者的甲壳被损伤、穿透，细菌进入软组织，病灶部分粘连，影响蜕壳和生长。有的病虾附肢断失，严重者可引起死亡。

据认为这是一种综合性病，该病引起虾体表损伤或因营养物质失调、细菌随机入侵而形成。

防治方法：

创造良好的生态环境，保持水质清新，合理密养，以利于虾生长。

加强养殖管理，投喂适口饵料，尽量减少机械损伤。

用 20～75 ppm 的甲醛与 0.05～0.1 ppm 的孔雀石绿的混合药液浸浴 1 小时，并用含 0.05%～0.1% 的土霉素饵料投喂 14 天。

用 2 ppm 的四环素全池泼洒，连用 2 天，然后排水、换水。

投喂农福 U－4 或 U－3 型药物，每 100 公斤虾每天用药物 0.2 公斤，连喂 4 天。

三、黑鳃病

初期可见病虾体表、附肢、鳃等部位出现浅黄色斑，逐渐变橘红色斑，后变为浅褐色或黑褐色的斑块。有明显的黑鳃现象，严重的鳃溃烂，可能脱落。病原体为镰孢菌。

防治方法：

保持水质清新，切勿投喂被霉菌污染的豆饼、花生麸等饵料。

放养前用 1 ppm 的高锰酸钾或 6.3 ppm 的孔雀石绿灭除池内细菌孢子。

四、白浊病

又称白身病。病虾发病初期，虾尾部只有几块小白斑，随着时间的推延，白斑逐渐向前扩展，最后整个虾体变白，肌肉呈坏死状，失去弹性，活动能力减弱，摄食能力降低，一段时间后逐渐死亡。该病一般发生于放苗 1 个月内的幼苗，此病具有传染性，危害较为严重。

白浊病病因目前尚未完全弄清楚。据初步研究，此病与饵料营养不全、水质环境、种质或亲虾带毒等因素有关，从病虾的幼体电镜观察，发现肝胰腺、肌肉有细菌和可疑病毒双重感染。

防治方法：

放养前彻底清塘、晒塘，减少病源传播的机会。

挑选种质优良、不带毒的亲虾繁殖种苗。

加强饲养管理，控制适当密度，保持良好水质。

经常采用生石灰全塘泼洒消毒。

每 1 000 斤虾用鱼疾宁 - 3 型或强克 99 一包拌饵料投喂，5 天一疗程。

饲料中添加适当的维生素 E 和维生素 C 投喂。

下篇　具有发展前景的品种养殖

第一章　胭脂鱼的养殖

胭脂鱼俗称火烧鳊、红鱼、燕雀鱼、紫鳊鱼、黄排、木叶盘等，是胭脂鱼科在亚洲分布的惟一种属，具有重要的学术研究价值和经济价值，被列为国家二类保护野生水生生物。它是重要的经济鱼类，肉味鲜美，个体大者可达数十斤。因幼鱼体形奇特，花纹鲜艳，具有极高的观赏价值，曾获世界观赏鱼博览会银奖。

第一节　生物学特性

一、形态特征

胭脂鱼体侧扁，背部在背鳍前急剧隆起，鳞片大，侧线完全，头小，吻圆钝；口小，下位。口裂马蹄形，唇发达，肉质，上、下唇各有许多的细小乳头状突起。背鳍没有硬刺，背鳍基颇长。尾柄细长，尾深叉形。

个体不同大小的胭脂鱼，体色也有很大的变化。一般体长27毫米的幼鱼，身体呈银灰色或淡紫色；体长30~310毫米的个体，体侧有三条黑褐色横斑，而贯穿眼珠还有一条黑褐色斑。更大的未成熟个体，身体呈灰褐色并杂以红紫色彩晕。体长60厘米以上的成鱼，身体为淡红、黄褐或暗褐色，且有一条猩红的宽阔直条从吻端直达尾鳍基，尾鳍上叶红色，其他鳍灰黑色。

二、生活习性

胭脂鱼仅分布于长江的干、支流及其附属水体，但主要产于长江上游。胭脂鱼的幼鱼经常群集在水流比较静止的乱石之间，未长成的成鱼则惯于栖息在湖泊和江河的中下游；长成的胭脂鱼则多见于上游。鱼苗及幼鱼一般喜欢生活在水的上层，游动缓慢；成鱼及未长成的成鱼栖息在水的中下层，行动矫捷。每年 2 月中旬，性腺接近成熟的胭脂鱼亲鱼均要上溯到长江上游的急流中产卵繁殖，等到秋季退水时期，又回到长江干流内越冬。它性情温和，不跳跃，行动迟缓，生活力强，起捕率高。

三、食性

胭脂鱼主要摄食底栖无脊椎动物如摇蚊幼虫、蜻蜓幼虫、蚬和淡水壳菜等，也食植物碎片及部分硅藻和丝状藻类等。应属偏动物性蛋白的杂食性鱼类。人工养殖时，除投喂水蚯蚓、陆蚯蚓外，也可投喂下杂鱼、动物内脏和人工配合饲料如鳗鱼料等。

四、生长特性

胭脂鱼在长江上游是一种重要的经济鱼类。它个体大，生长快，在天然水体中生长（见表 19）。四川渔民有"千斤腊子万斤象，黄排大得不像样"之说，在长江捕到的最大个体达 30 公斤。在人工养殖条件下，当年鱼可长至 0.5 ~ 1.0 公斤，3 龄鱼可达 3 ~ 4 公斤。

表 19　胭脂鱼的生长

年龄	1	2	3	4	5
体长（厘米）	19.3 ~ 34.0	——	47.0 ~ 49.0	49.0 ~ 72.0	58.6 ~ 70.0
体重（公斤）	0.16 ~ 0.99	——	2.25	1.08 ~ 3.25	2.94 ~ 7.00

五、繁殖特性

每年 3 ~ 4 月产卵，5 冬龄胭脂鱼达性成熟。产卵场在长江上游干支流特别是岷江和嘉陵江的急流石滩处产卵，产卵期在春分至雨水这段时期。目前四川、湖北等省对胭脂鱼采取类似家鱼的人工繁殖方法并取得了可喜的成绩。但是，在广东还未能培育出成熟产卵的亲鱼。

第二节　人工繁殖

一、亲鱼来源和培育

胭脂鱼亲鱼来源是从长江捕捞后移入池内蓄养，或是从商品鱼中挑选出来。后备亲鱼的选择标准一般是：雌鱼 6 龄以上，雄鱼 5 龄以上；体形丰满健壮，体表光滑，无伤无病；体重在 8 ~ 10公斤以上。

亲鱼培育的水质要求清新，溶氧充足。放养密度是 15 ~ 20 尾/亩，并适当搭配鲢、鳙鱼等大规格鱼种，每亩总放养量以 200 ~ 250公斤为宜。

亲鱼培育是人工繁殖的首要环节，其中尤以产后培育更为重要。因此自产卵开始后就要提供给亲鱼充足、适口的优质饲料，以满足其产后恢复和性腺发育的营养需求。亲鱼培育以投喂鲜活的水蚯蚓最佳，并可补充些螺肉、下杂鱼以及其他高蛋白的动物性饲料。根据季节变化和亲鱼性腺发育特点，控制每天的投喂量在鱼自身体理的 1% ~ 5% 之间。

二、亲鱼的选择

1．雌雄选择

在繁殖季节，雌雄鱼性成熟个体都有珠星出现。珠星多在臀鳍和尾鳍下叶。珠星颗粒大者为雄性，小者为雌性。雄鱼从眼开始经鳃盖的上缘到头顶有一条猩红色的斜纹，雌鱼则无。

2．性成熟度

雌雄鱼性成熟度较高的个体，提起头部则有卵子或精液流出。精液乳白色；卵子橙黄色，晶莹透明。这样性成熟度的亲鱼应立即进行人工授精。若成熟度不甚理想者，可进行药物催熟或催产。

三、催产与授精

1．催产

胭脂鱼适宜催产的水温是 15 ~ 21 ℃，最适水温 16 ~ 20 ℃。雌鱼的催产剂量是促黄体激素释放激素类似物 10 ~ 50 微克加地欧酮 2 ~ 5 毫克/公斤，雄鱼剂量减半。对性腺发育较好的雌鱼，可进行低剂量一次注射；发育较差的可采取 2 ~ 3 针注射。先用低剂量催熟，再用高剂量催产。每次针距 1 ~ 3 天，在催产水温为 16.5 ~ 17.5 ℃时，效应时间为 24 ~ 25 小时。

2. 授精

一旦发现催产池有卵粒或亲鱼发情相互追逐时，立即进行人工授精。授精方式可采取半干法授精，挤卵与采精同时进行。将精、卵同时挤入事先放有少量生理盐水的脸盆中，用羽毛搅拌精卵 1 分钟左右，使精卵混合在一起，完成授精过程。授精后，用黄泥水或奶粉脱粘。10 公斤重的雌性胭脂鱼怀卵量约 15 万粒。

四、孵化

受精卵脱粘后，可放入孵化环道池或孵化桶内孵化，密度 1 ~ 2 万粒/米²。水温达 18 ~ 20 ℃时，约经 6 天左右受精卵即可孵出；水温只有 13 ~ 15 ℃时则要 9 ~ 11 天才出膜。

第三节　养殖技术

一、苗种培育

刚出膜的鱼苗身体透明细长，全长 9.5 ~ 11.0 毫米，靠卵黄囊供给营养。鱼苗此时静卧于池底，出膜后第 6 天开始作水平游泳，全长增至 14 毫米，卵黄囊因被吸收而逐渐缩小。出膜后第 11 天，鱼苗开始摄食。开口饵料可以是熟蛋黄，每万尾鱼苗每天只需一个蛋，每隔 3 小时投喂一次。当然，投喂以轮虫为主的活饵料效果最好。鱼苗长至 1.9 ~ 2.0 厘米时，可以投喂枝角类等较大型的浮游生物，同时可以兼喂水蚯蚓；长至 2.5 厘米时，可以投喂水蚯蚓或鱼肉糜。此阶段适宜在水泥池或网箱中培育。初始密度 2 000 ~ 5 000 尾/米²，逐步分疏。到 3 厘米时分疏到 100 ~ 200 尾/米²。

鱼苗出膜一个月左右，全长已达 3 ~ 5 厘米，主食底栖无脊椎动物。此时可转入池塘中培育，面积 1 ~ 2 亩，水深 1.2 ~ 1.5 米。放池前，经毒塘施放基肥，培育天然适口饵料生物，并兼喂水蚯蚓、鳗料或花生麸等精饲料。

二、成鱼养殖

由于胭脂鱼具有食性杂、抗病力强、适应范围广和性温驯等特点，池塘养殖，无论采取单养或混养方式均可取得良好效果。单养时，每亩投放大规格鱼种（50~100克/尾）400~600尾，另外少量地补充些栖息水层和食性等方面互补的其他品种，以充分利用水体和饲料。混养时，每亩放养量约200~300尾，其他混养鱼如鲢鱼可投放200尾，鳙鱼、草鱼、鳊鱼等各30~50尾。也可作为搭配鱼类部分地取代鲤、鲫等底层鱼类，小比例地放在其他养殖池，增加池塘养殖效益。

成鱼养殖阶段可根据饲料来源，因地制宜地主投当地易获季导的螺蚌肉、小鱼虾、畜禽内脏或人工培育的陆生蚯蚓、蝇蛆等鲜活饵料，以降低养殖成本。大规模养殖时，可通过诱食、驯化摄食人工配合饲料。根据胭脂鱼对饲料中粗蛋白和粗脂肪要求均较高的特点，配制适宜的人工配合饲料。驯食的方法也很简单：驯食开始，以水蚯蚓浆或鱼肉糜作诱食剂，拌合人工配合饲料投喂，待鱼稳定上食后，逐日减少诱食剂比例，约经7~10天可不加诱食剂，完全投喂人工配合饲料。

成鱼的饲养管理和投饲率可参照其他优质鱼养殖方法进行。养殖过程中，要求水质清爽，透明度在30~50厘米左右，溶氧达3mg/L以上。

第四节　病害防治

一、水霉病

主要危害鱼卵和早期鱼苗。是影响孵化率和仔鱼成活率的主要病害。胭脂鱼卵孵化期间水温在12~20℃，水温低容易感染水霉，霉丝大量生长使卵粒形成白色绒球状，鱼卵互相粘连而大批死亡。因刚出膜仔鱼聚集在一起，一旦感染上水霉，就会迅速传染给其他健康的仔鱼而引起仔鱼的大量死亡。鱼卵在发育后期不宜使用任何药物处理，故该病应以预防为主。

防治方法：

孵化容器用 10 ppm 高锰酸钾或 60 ppm 孔雀石绿或 5%～7% 生盐溶液消毒。

受精卵在原肠期前每天用 0.5～1 ppm 孔雀石绿或 5 ppm 高锰酸钾浸洗 5～10 分钟。

及时剔除霉卵、卵膜及坏死的仔鱼，经常加注新水。

二、肠炎病

此病为胭脂鱼鱼种及低龄鱼的主要病害，6～9 月份流行，发病水温 22～32 ℃，在饲料及环境条件差的情况下易引起大量死亡。主要病症是：病鱼食欲明显减退直至停食，胃、肠内多无食物，肛门充血红肿，严重时消化道充血发炎甚至糜烂。

防治方法：

定期换水，高温季节每半月加注新水一次，并用 1 ppm 漂白粉或 0.3～0.5 ppm 强氯精全池泼洒。

投饵要做到定质定量，并定期对饵料台消毒。

拌药饵投喂：每公斤鱼用 2～4 克大蒜或适量的抗菌素类药物为预防剂量，用 5 克大蒜为治疗剂量，每天一次，连用三天。

三、烂鳃病

主要发生在成鱼养殖阶段。发病季节 8～9 月份，水温 25～33 ℃。病鱼离群独游，行动迟缓，食欲减退或不吃食，鳃丝腐烂，呈白色，黏液增多。此病病症不明显但传染迅速。

防治方法：

大量加注新水，以改善池塘水质条件。

1 ppm 漂白粉或 0.025～0.05 ppm 呋喃唑酮全池泼洒，连续 2～3 天。

口服抗菌素类药物作预防与治疗。

第二章 尖塘鳢的养殖

尖塘鳢分类上隶属于鲈形纲、虾虎鱼亚目、塘鳢科、褐塘鳢属。泰国称为砂虾虎；越南称为大鳢鱼；香港、国内珠江三角洲则匀称为泰国褐虾虎、泰国笋壳鱼。该鱼原产于东南亚的江河、水库或湖泊中，是热带和亚热带中型经济鱼类之一，最大个体可达 5~6 公斤。该鱼肉质细嫩，味道鲜美，在东南亚各国和港澳、台湾等地区及日本深受消费者欢迎，是淡水养殖鱼类产品出口中的主要名贵鱼类。在广州黄沙水产批发市场，个体在 500 克以上的尖塘鳢售价 150 元/公斤，250~500 克的售价 120 元/公斤。近年来广东省已开始引进尖塘鳢进行试养。

第一节 生物学特性

一、形态特征

尖塘鳢体形略延长，粗壮，前段略呈圆柱形，后部稍扁。吻短而钝；头宽大而扁平；眼小而高，位于头背最高处。口上位，下颌突出；口裂斜，后延接近于眼前缘下方。上、下颌齿多行，颌齿细小。体被栉鳞，头背被圆鳞。背鳍二个，前背鳍条为硬棘；臀鳍圆；胸鳍大，呈扇形；腹鳍胸位；尾鳍圆形。

生活时体色为黄褐色，容易随生活环境而变化。体侧具 5~6 个纵向深褐色大斑块，腹部淡黄色，鳍上常有纵向的深褐色条纹或小的深褐色斑点。

二、生活习性

尖塘鳢为底栖穴居性鱼类，常栖息于水质较清或有微流水的江河、水库、池塘的底部沙泥或草丛中，也常栖息于岸边的砂石缝隙、洞穴及杂物中，生活水层为 2 米以下。游泳能力不强，不能作快速和长距离游泳。性温驯，对低氧环境适应能力较强。多在夜间活动，白天喜藏进泥里，可钻到泥里 1 米深处达 10 小时。适温范围 15 ~ 35 ℃，最适温度 25 ~ 30 ℃；10 ℃ 以下大量死亡。可适应 pH 值为 5 的酸性水体及 15‰。的咸淡水。捕捉尖塘鳢比较困难。

三、食性

尖塘鳢鱼苗阶段主要以轮虫类、枝角类、桡足类及底栖水生昆虫幼体和环节动物为食。成鱼主要以水中的各种小鱼、小虾、甲壳类、软体动物、水产昆虫及幼体为食，也食一些新鲜的动物肉碎屑等。对食物先窥视后吞食，不追逐捕饵。耐饥饿能力很强，一次饱食后可多天不摄食。

四、生长

在东南亚，尖塘鳢当年的鱼苗经养殖可长成体长 15 ~ 20 厘米，体重 50 ~ 100 克；第二年养殖可达 30 厘米以上，体重 400 ~ 700 克。一般 100 克以下的尖塘鳢生长慢，100 克以上生长快，100 克的鱼种养殖一年有的体重可达 900 克。

五、繁殖习性

在东南亚，野生的尖塘鳢二年性成熟，人工养殖条件下 9 ~ 12 个月即达性成熟。成熟最小个体为雌鱼体长 15 cm 以上，体重 75 克左右；雄鱼略小于雌鱼。生殖季节为 4 ~ 11 月，最盛期为 5 ~ 7 月。每年产卵 2 ~ 4 次，每次产卵数约为 5 000 ~ 25 000 粒，较大亲鱼每次可产卵几万粒。尖塘鳢的繁殖能力为每克体重产 76 ~ 220 粒卵。产卵适宜水温 27 ~ 32 ℃。多在其居住的洞穴或附近岸边的石缝或瓦片中或杂草较多的僻静处产卵，卵黏性。产卵前，雄鱼选择合适的巢穴，然后诱赶雌鱼进入穴中产卵。产卵多在夜间进行。产卵结束后，雄鱼就会驱赶雌鱼，独自守卫在鱼巢中直至仔鱼孵出离巢为止。

第二节　繁殖技术

一、亲鱼选择

在繁殖季节，成熟的雌鱼体色较浅淡，体表粗糙，腹部膨胀而柔软，生殖突膨大，淡红色，呈扇形，泄殖孔较大，孔周无色素点。成熟的雄鱼体色较深，斑纹明显，体表光滑，生殖突小，呈三角形，孔周有少许黑色素点。亲鱼的体重应在 250 克以上，按雌：雄 =1：1 配对。

二、人工催情

催产剂和剂量为雌鱼（体重 100 克左右）每尾注射 PGl 个加 HCG700 单位；雄鱼减半。催产注射为一次注射。效应期为 36 小时左右。一般以水泥池为产卵池，池水可用经净化的河水、塘水或自来水。池水水深 50 cm 左右。产卵池内需设置用木板或瓦片做成的巢穴。人工催情后，雌雄鱼一齐放入产卵池让其自然产卵，自然受精。

三、池塘自然产卵

尖塘鳢也可在塘养条件下自然产卵。繁殖季节，将配对好的亲鱼放入池塘，在塘底放置产卵窝巢，同时定期冲水，亲鱼在水流的刺激下可在窝巢里产卵、受精。受精卵粘附在窝巢上。每天检查窝巢，发现有卵即可将其取出并移人孵化池。平均每窝有 2.8 ~ 3.34 万颗卵，受精率为 50% ~ 85%。

四、孵化

将附有鱼卵的窝巢移至备有清水的水池中孵化。刚产出的卵近似圆球形，呈透明的淡黄色，卵径为 0.45 ~ 0.55 毫米。吸水后为长椭圆形，长径为 1.9 ~ 2.3 毫米，短径为 0.5 ~ 0.6 毫米。孵化过程中需泵气充氧或轻轻搅拌让水流动。受精卵在水温 27 ~ 32 ℃时，经 30 小时左右孵化出膜。刚孵出的仔鱼体长 2.3 ~ 2.6 毫米。孵化二天后的仔鱼全长 3.2 ~ 3.4 毫米。

第三节　养殖技术

一、苗种培育

1. 培育池

只要深 1 ~ 1.5 米、上有遮光棚的几到十几平方米的水泥池都可以作为尖塘鳢鱼苗的培育池。水质要求清新无污染，可用净化后的自来水。培育池要求换水方便，并能根据需要调节水位。需要有微流水或增氧泵增氧。

2. 苗种放养及管理

培育池每平方米可放孵出的鱼苗 800～1 000 尾。孵出的鱼苗将卵黄囊吸收完毕后，则要开始喂食。可用蛋黄和小水蚤投喂。根据生长状况，数天后可投喂较大水蚤。一般头 10 天，每天每万尾投喂鸭蛋 2 个，大豆粉 50 克。20 天后，每天每万尾投喂大豆粉 100 克，可加鱼、虾碎与豆粉调和后投喂。当长至 2～3 厘米就应按规格分池培育以减少损耗。2～3 cm 的鱼苗每平方米可放300～500 尾。可以投喂轮虫、水蚤、鲜活小虫及泥虫等。也可用新鲜鱼肉浆投喂。日投喂量为鱼体重的 10%。分两次投喂，早上投喂 1/3，傍晚 2/3。投喂时可设食台，以检查饵料是否足量。

培育期间注意排污，更换新水及充气，以提高池水的质量和溶氧。当鱼苗长至 5 cm 左右时，放入池塘进行成鱼养殖。

二、成鱼养殖

1. 池塘养殖

池塘要求　养殖尖塘鳢的池塘面积在 1 亩左右时最易于管理。要求进排水方便，水质清新，铺黏土于池底以防渗漏，有微流水或配备增氧机。水深 1 米以上。

清塘　放养鱼种前需排干池水，清除杂鱼，修整塘基，堵塞洞穴。用生石灰消毒，每亩用量为 60～70 公斤。如池塘属新挖或泥土酸性过高，每亩用量为 90～100 公斤。

鱼种放养　5 cm 左右的鱼种每亩放 6 000～10 000 尾，培育至 50～70 克时再分塘饲养。50～70 克的鱼种每亩放 3 000～5 000尾，养一年可达商品鱼规格。400 克以上为一级鱼。在东南亚以上述方式养殖，一般需要两年养成商品规格。鱼种投放前先用2%～3% 盐水或 1～2 ppm 孔雀石绿浸浴数分钟。鱼种最好在早上或傍晚投放。

成鱼饵料　池塘的成鱼可喂食鲜活的小鱼、虾或泥虫，也可喂食新鲜的鱼肉碎块或人工配合饲料。人工配合饲料的成分是：干鱼粉 30%；碎米、糠、米粉、玉米 55%～60%；鱼油或磨碎的泥虫 7% ~ 10% ；棉子粕 3% ~ 5% 。

投饵及管理 日投饵量为鱼体重的 5% ~ 10% ，分两次投喂。早上投 1/3 ，傍晚 2/3 。饵料可均匀撒入池塘或者设食台投喂。食台安在离水底 30 ~ 40 厘米处。饵料中需定期添加一些药物及维生素以利于防病。

养殖期间要注意水质管理：一是定期灌注新水，最好有微流水，确保池水水质清新；二是定期泼洒生石灰，一般每月一次，每亩 20 公斤左右；三是机械增氧，以提高池水溶氧，改善水质条件。

2. 浮箱及网箱养殖

浮箱及网箱 东南亚一带一般以浮箱进行养殖。浮箱以木条、竹片或铁丝网做成，箱体木条间距 2 ~ 3 厘米，或视投放鱼苗大小而定。箱顶面严实，留一个 0.5×0.6 米的口用于投喂及打扫卫生。浮箱规格为 $3 \times 2 \times 2$ 米，体积不大于 20 米^3。浮箱可放置在缓流的河段中，也可放置在山塘、水库里。箱底离池底至少 0.4 米。国内可采用网箱养殖。规格为 $3 \times 3 \times 2$ 米，网眼视投放鱼苗大小而定。

放养密度 全长 5 厘米的鱼种放养密度为 500 尾/米^3，100 克左右的鱼种 60 ~ 80 尾/米^3。

投饵及管理 日投饵量为鱼体重的 10% ，分早晚两次投喂，早上投 1/3 ，傍晚投 2/3 。食物以鱼、虾为主，喂时切碎，令其适口易吞。将食物盛于四个托盘置于离箱底 0.3 ~ 0.4 米处。每日洗刷食物托盘。定期在饵料中添加一些药物以利防病。

3. 池塘养殖实例：

在广东东莞，某养殖户在 5 月份进 4 ~ 5 cm 苗种，每亩投放 1 500 尾。在塘边四周安放一些网纱片，便于鱼种栖息。投喂冰鲜时，沿塘边四周在安放有网片的地方投喂。经 7 ~ 8 个月养殖，当年最大个体可达 500 克，平均每尾重 300 ~ 350 克，成活率 60% 左右。亩产 250 ~ 300 公斤。

第四节　鱼病防治

尖塘鳢的疾病主要有以下几种：

一、寄生疾病

1. 甲壳寄生虫病

病原：锚钩虫、鱼虱等。

防治方法：用 0.5～1 ppm 敌百虫全池遍洒。

2. 水霉病

病原：水霉菌。

防治方法：用 0.1 ppm 孔雀石绿全池遍洒或按 1～2 ppm 孔雀石绿溶液浸浴 30 分钟。

3. 十六钩绦虫病

病原：十六钩绦虫。

病症：此虫长 1～2 毫米，头部有 16 个钩，紧附鱼鳃上吸食鱼血，使鱼鳃变淡紫色，多黏液，可能出血，鱼因缺氧常浮头于水面。

防治方法：鱼苗用 0.5%～1%、成鱼用 3%～4% 的盐水浸浴 10～15 分钟，或 0.5～1 ppm 敌百虫全池遍洒。

二、细菌疾病

1. 红斑病

病原：此病为多种生物和非生物要素造成的综合症。

病症：初发病时厌食，倦怠游于水面或食物托盘上，肤色深暗，尾部和嘴出现一些暗红色溃疡斑痕，鱼鳍疏松，头枕骨后和身上的溃斑渐渐扩大，鳞片脱落，出血发炎。有的伤痕深入至骨，机体腐烂，最终死亡。

防治方法：采用浸浴、喂药综合处理。用 4% 盐水浸浴 15～30 分钟，用 1～2 ppm 孔雀石绿溶液浸浴 30～60 分钟，同时每 100 公斤鱼喂土霉素 5 克，呋喃唑酮 10 克，维生素 C 5 克。

2. 黏液脱落症

病原：由假单胞菌引发。

病症：起初鱼尾有白斑，后向背鳍、肛门鳍、胸鳍蔓延至全身发白，皮、鳞剥落，重病者俯头向下，不久死亡。此病凶险，会造成大量死亡。

防治方法：采用浸浴和喂药的方法综合防治。用利福霉素20克/升浸浴30~60分钟，或1 ppm漂白粉浸浴3小时。每100公斤鱼喂氯霉素2克，呋喃唑酮5克，磺胺噻唑10克，维生素C5克。鱼苗用药和浸浴期间要开动增氧泵供氧。

第三章　大鲵的养殖

大鲵，别名鲵鱼，因其声似婴啼，故俗称娃娃鱼。大鲵是世界上稀有珍贵的两栖类，也是世界上个体最大的有尾两栖类，被列为国家二级保护水生野生动物。因其肉质鲜美、细嫩，营养丰富，是极佳的滋补绿色食品。据说还有治理小儿疳积、妇科和皮肤疾病的药用价值。目前每公斤售价600元以上。昂贵的价格刺激了大鲵的非法贩卖，加之人类对自然环境的破坏，大鲵资源日趋衰减。目前全国已有30多家研究所、高等院校对大鲵进行迁地保护，研究其人工繁殖及生态保护措施，并进行生产性的试验养殖。

第一节　生物学特性

一、形态特征

成体无鳃孔，头部扁平而宽阔，吻端圆，眼甚小，无眼睑，口裂大，上唇唇褶在口后缘，犁骨齿与上颌之细齿平行排列，躯干粗扁，沿体侧各有一长条厚肤褶。指四，趾五，第四指及第三、四、五趾外侧有缘膜，显得极为宽扁，蹼不发达，仅基部微有蹼迹。肤较光滑，体侧等处有成对排列的疣粒。身深棕褐色，背面有不规则之黑斑。

表20 大鲵与小鲵、蝾螈特征比较

特征＼类别	大鲵	小鲵	蝾螈
眼睑	无	有	有
体侧纵行肤褶	有	无	无
犁骨齿排列	成一长列与上颌平行	成二短列或"V"字形	成"八"字形
腹部颜色	浅褐或灰白	浅褐或灰白	橘红色斑

二、生态习性与分布

大鲵分布在我国黄河、长江和珠江流域中上游地区，栖息在海拔 200~1 000 米的山涧清澈溪流中，水质无污染，水中 HCO、Ca^{2+}、$HSiO$ 含量丰富，水温凉爽，一般在 10~28 ℃ 范围内。大鲵通常匿居于石灰岩多、有回流水的岩穴河段、泉洞及阴河中，其性孤独，惧光喜阴，白天独居洞中，天黑外出觅食。在酷暑天气常爬至岸上荫凉处。除以肺呼吸外，其皮肤亦起辅助呼吸的作用。

三、食性与生长

大鲵为肉食性动物。幼鲵以浮游动物、小蜈蚣、水生昆虫和小型虾蟹为食，成鲵的主要食物是蟹类、鱼虾类、蛙类、蛇、水生昆虫、小鳖、鸟和鼠类等，蟹类和蛙类占多数，其食量大，消化力强，但耐饥力也强。数月不食不致饿死，在缺少食物时，会吞食弱小的同类。

一般地，大鲵从 Ⅰ 龄到 Ⅴ 龄体重的增加逐渐加快，至 Ⅵ 龄时年增重逐渐降低。在陕西曾放流观察大鲵在野外的生长情况，该地区在 12 月 ~3 月有 4 个月冰封期，大鲵处于冬眠期。140 ~500 克个体经 8 个月（10 月至次年 6 月初）的生长平均增重 80 克；如一整年观察 350 ~440 克的个体，年均增重 1 070 克。

在防空洞内养殖大鲵，全年水温 17.5 ~18.5 ℃，黑暗潮湿，其生长速度见表 21。

表 21 大鲵的生长速度

尾数	放养规格（克）	平均规格（克）	养殖天数	收获舰格（克）	平均规格（克）	日增重（克）	饵料系数
5	0.11 ~ 0.29	0.21	210	0.40 ~ 0.59	0.42	1.00	2.8
7	0.35 ~ 0.60	0.45	150	0.70 ~ 1.25	0.90	3.00	3.0
4	3.4 ~ 6.0	4.8	600	4.90 ~ 10.00	7.60	4.60	4.2

湖北地区每年 4 ~5 月、10 ~11 月为大鲵的两个大生长期，每尾平均日增重可达 3.68 ~7.2 克，最大年增重量为 2.5 公斤。

四、繁殖习性

大鲵性成熟的最小雄体长达 30 厘米，体重 150 克；雌体长 35 厘米，体重 250 克。每年 5 ~9 月份是大鲵的繁殖季节，一般 7 ~9 月是产卵盛期。产卵前，雄鲵游到雌鲵栖息地，选择水深 1 米左右的洞穴，并用足、尾和头部将洞内收拾得清洁光滑，然后出洞，引雌鲵在洞穴或在浅水滩上产卵。产卵一般在夜间进行。卵子排列在胶质带内呈念珠状。体长 40 ~80 厘米、体重 0.5 ~3 公斤的大鲵可产卵 300 ~600 粒。体重 6.5 公斤的个体可产 1 500 粒。卵径 5 ~8 毫米，乳黄色。受精卵在 14 ~21 ℃条件下约经 38 ~40 天孵化。

第二节　人工繁殖

一、种鲵的选择与催产

用于人工繁殖的种鲵必须是性成熟个体且体质健壮无伤。雌鲵腹部膨大而柔软，用手轻摸其腹部有饱满松软之感。雄鲵泄殖孔周边不但有突起的乳白色小点，而且泄殖孔四周橘瓣状肌肉凸起，内周边红肿明显可见。催产激素可用 LRH - A 和 HCG，用量为 LRH - A 26～190 微克或 HCG160～2 200 国际单位/公斤，也可两种混合使用。注射部位为后背侧肋沟间。

二、产卵与孵化

催产后种鲵放入光线较暗的拱洞水池内，经 4～9 天产卵、排精，以第 4～5 天产出的卵质为好。让卵带徐徐产在盆中，有一定卵带时，即轻压雄鲵腹部取精液，略加 3～5 毫升水稀释后与卵带混合受精。受精卵可放在静水盆中孵化。每天换水 3～4 次，换水时切勿震动。在 14～25.5 ℃时，历时 33～40 天孵出。刚孵出的幼苗长 2.9 厘米左右，体重约 0.3 克。出膜 30 天的幼苗开始摄食，此时全长 4.5～4.8 厘米，体重 0.5～0.8 克。

第三节　养殖技术

一、场地选择

自然界中大鲵生活在常年水温变幅不大、水质清澈、水温偏低的崇山溪流，喜静畏光，昼伏夜出。因此，养殖场应选择一个适宜大鲵生长的良好环境。无污染源及噪音，有充足的冷水源，交通便利。一般可选在大型水库下，引水库底层水作为养殖大鲵的水源，也可建在清水河边，用河水作水源。在平原或城市可利用充分曝气的自来水或地下水。水中最好含丰富的 Ca^{+2}、Mg^{+2}、

HCO、HSiO 等离子，对大鲵生长发育有利。

二、养殖池建造

养殖池可建造在室外或室内。前者应在池四周种植阔叶树，池上方搭遮光棚，便于遮荫。养殖池一般用水泥、砖建造。形状多为长方形，设有进排水口。

1. 幼鲵池

养殖池面积 8 ~ 10 米² 为宜，池壁高 50 ~ 60 厘米，水深 20 厘米左右，池底要铺一层河沙。池壁要求光滑，池中设石堆、假山供幼鲵爬上陆地活动，池边设防逃板（出檐）防止逃逸。

2. 成鲵池

面积 50 ~ 100 米² 为宜，池壁高 1.2 ~ 1.3 米，水深保持 30 厘米左右。池边四周或中央搭建窝穴，可用砖和水泥板作材料，窝穴建成有盖的长方盒形，穴高 15 ~ 20 厘米，纵深 50 厘米左右，宽 30 ~ 40 厘米。人工养殖条件下，大鲵往往群居一穴，所以穴宽可视养殖规模相应扩大。窝穴内壁需用水泥沙浆抹光滑，避免挂伤大鲵。池中央可设一栖息台，供大鲵在陆地上活动。

此外，为了充分利用空间，可将养殖池建成一层一层梯形的立体式。

养殖池建成后，不能立即放养大鲵，因为新水泥池有较强的碱性。可将各池灌满水后浸泡数日再放干，并重复几次。

三、引种

可在其他养殖场购买或在野外捕捉和收购。后者要避免用钩钓的或毒药毒的大鲵。这种大鲵引进后死亡率极高。最好是用手捉或抄网捕捉。一般 5 月或 10 月引种时资源量大。运输工具最好是用底面积 0.3 米² 的铁皮箱，箱体上面打气眼，箱内保持 2 ~ 3 厘米水深，大小分开。运输密度 100 公斤/米，在 20 ℃ 以下时 72 小时运输成活率 100%。

四、放养与密度

刚引种进来的大鲵，先让其适应一段时间，待水温平衡后用

5 ppm 高锰酸钾溶液消毒 10 分钟或用 5% 食盐水消毒 15 分钟，按大小分级分池饲养。对体质弱的个体，应先放于小水池中，加水至刚好淹没背部，让其暂养几天待体力恢复后再放入大池。

相近规格的大鲵放于同池避免残食，并在养殖过程中根据个体生长快慢不断调整规格与数量。养殖密度的大小直接影响大鲵的成活率和生长发育。根据大鲵的不同规格，一般可掌握在早期幼苗 200 尾/米^2，中晚期幼苗 60 ~ 100 尾/米^2，幼体 20 ~ 80 尾/米^2，成体（150 ~ 500 克）5 ~ 20 尾/米^2，0.5 ~ 5 公斤的 5 ~ 10 公斤/米^2，5 公斤以上个体 10 ~ 20 公斤/米^2。

五、饲料投喂

大鲵一般晚上觅食，所以投喂以下午或傍晚为主，人工饲养下只要光线暗，白天也会出来摄食，投喂地点是池壁四周。经观察沿四周爬行觅食的概率为 75%。投喂量视水温和季节而定，一般为鱼体重的 1% ~ 5%。春秋两季 3% ~ 5%，夏冬两季 1% ~ 3%。

幼鲵开始初期，主要投喂摇蚊幼虫、水蚯蚓等活饵，以吃饱为度。饲养 15 天后，可适当投喂一些小虾、蚯蚓、碎肉等。养殖 7 ~ 8 个月左右，幼鲵体重达 20 克以上时，饵料可用小杂鱼肉糜或切碎的牛、羊肉等，也可投喂人工配合饲料。以鱼粉和 a^- 淀粉为主要原料、粗蛋白含量为 42% ~ 45% 的人工饲料养幼鲵，其生长速度要比天然饵料的快 1/3。

成鲵可用低值鱼或人工配合饲料。鱼块大小要适口；人工饲料为粉状，使用前用水调成团状投喂。有学者建议大鲵的人工配合饲料组成为鱼粉 55%，麸饼 8%，蚕蛹 5%，麦麸 5%，骨粉 1.2%，a^- 淀粉 17.3%，预混料 8.5%。

六、日常管理

大鲵饲养水温要求在 8 ~ 24 ℃之间，水质以含丰富矿物质、硬度、碱度适当偏高为好，总硬度 100 ~ 200 毫克/升、总碱度 100 ~ 150 毫克/升为宜。石灰岩地区水最好。pH 值保持 6.5 ~ 8.5

之间。幼鲵池每天换水一次，成鲵池一般 2 ~ 3 天换水一次。

第四节　病害防治

大鲵抗逆性较强，一般无疾病。但从野生转为人工养殖，由于饲料、生态环境和密度的改变，仍应加强大鲵的疾病防治。养殖过程中，每月定期用 0.7 ppm 硫酸铜和硫酸亚铁（5∶2）全池泼洒一次，也可用生石灰 10 ~ 15 ppm 或 0.5 ppm 敌百虫全池泼洒。

烂嘴病：可用 4 毫克研氯霉素浸泡 7 天或庆大霉素 1 万单位/公斤注射；腐皮病：用 2.4 毫克/升氯霉素或庆大霉素浸泡；腹水病：可用 1 万单位/公斤卡那霉素肌肉注射；肺气肿：呼吸呛水引起肺部发炎充气，捞起于浅水箱中注射青霉素钠盐 5 万单位/公斤。

第四章　金钱龟的养殖

金钱龟的学名为三线闭壳龟，别名又称红边龟、金头龟、川字龟、断板龟等。属爬行纲，龟鳖目，龟科，闭壳龟属。国内主要分布于广东、广西、海南、湖南、福建。国外分布于越南、老挝。

金钱龟是龟科中最名贵的珍稀品种之一，集药用、食用、观赏于一身，被列为国家二级保护动物，价格昂贵，目前市场价每500 克超过 4 000 元。

第一节 生物学特性

一、形态特征

金钱龟体呈椭圆形，前部窄于后部，特别是雌性尤为明显，头中等大，较细长。吻较尖，头背光滑。鼓膜圆形或略呈椭圆形。背甲具 3 条明显的纵棱，其中脊棱最长，背腹甲间有韧带组织相连，形成前后可活动两部分，使腹甲可完全闭合于背甲。四肢扁圆，前肢 5 爪，后肢 4 爪，指趾间具蹼。尾短小尖细。头背颜色因产地不同而异：产于海南的，头背为金黄色；产于云南、越南的，头背为绿黄色；产于广东、广西的，头背为橄榄绿色。头侧有 3~4 条黑棕色纵纹，形成镶以黑边的椭圆形黄色或褐色斑。背甲棕褐色，3 条纵棱黑色；缘盾腹面淡橘黄色，并具对称的黑斑；腹甲黑色，周边黄色或橘黄色；四肢外侧及尾背灰棕色；尾腹面、四肢内侧及裸露的皮肤橘红色。

由于金钱龟价格昂贵，故市场常发现假冒行为。辨别真假金钱龟，可根据以下特征进行判断，具备以下四点即可确认为真正的金钱龟：

（1）金钱龟头光滑无鳞片，有金黄色菱形标志，又名金头龟。

（2）金钱龟背部具三条隆起黑色纵线，故名三线龟或"川"字龟。

（3）金钱龟腹甲横断，由韧带相连，可以闭合，故称断板龟。

（4）金钱龟腹甲周边橘黄色，四肢内侧及裸露的皮肤为橘红色，故称红边龟。

二、生活习性

金钱龟多栖息于山区和丘陵地带的峡谷、小溪、河汊、湖沼中，有时也爬到潮湿的山涧、草丛及稻田内活动。晴朗天气喜在陆地上晒太阳。而天气炎热时则大部分藏于暗处，有群居、穴居习性。

金钱龟是变温动物，其活动直接受温度的影响。生长适温为 24～32℃，致死高温45℃，致死低温4℃。13～15℃间会进入冬眠状态。在华南地区，每年12月至翌年2月为冬眠期，3月初开始离窝寻食。在8～9月高温天气，饱食后潜入水中或隐蔽在窝内作短时夏眠。金钱龟性情温和，不咬人，同类很少互相攻击，遇敌害仅有躲避能力而无反击能力。

金钱龟为杂食性，主要摄食昆虫、节肢动物、鱼、虾、河蚌、螺等动物性饵料，也摄食水草、野果等植物性饵料。在人工养殖条件下可以投喂蚯蚓、鱼虾、蚌、螺及猪、牛肉、禽畜内脏等动物性饵料及蕉、果、蔬菜等植物性饲料。也可用全价配合饲料投喂，蛋白含量在40%左右。

金钱龟的生长与年龄、性别、温度、饲料的质量与数量有密切关系。在5～10月，日平均气温在21℃以上阶段，其活动频繁，食量较大，为最大生长阶段，月增重可达50克以上。以后，随着温度下降，食量减少，生长变得缓慢，月增重在50克以下。12月至翌年2或3月，是冬眠期，体重下降。同龄条件下，雌性个体较雄性个体生长快。250～400克的雌性个体为生长旺盛时期。750～1 500克的雌性个体处于生殖腺形成期，是生长的缓慢时期。2 000克以上雌性个体食欲减退，生长缓慢。体重200～250克的雄性个体性腺开始成熟，此时食欲旺盛，是生长的最旺盛期，平均年增重可达300克左右。500克以上的雄性个体，性腺已发育成熟，正处于繁殖期，生长缓慢。

金钱龟雄龟性成熟年龄为5龄，雌龟为8龄。雌龟泄殖孔内缘到达背壳后缘，尾粗短；雄性个体泄殖孔内缘超出背壳后缘，尾较细长。每年5～9月为产卵期，一般每只龟每年产卵一次，少数个体产卵2次。每窝2～8枚，卵壳白色，在自然条件下约3个月可孵出稚龟。

第二节　人工繁殖

一、种龟的选择

种龟的来源有二，一是从自然界捕捉到的性成熟的龟；二是人工养殖的性成熟的龟。种龟应选择个体肥大、无病无伤、体重达1公斤左右的个体。

二、种龟放养

种龟池以面积为50平方米的长方形为好。长宽比为3∶2；池深0.8～1.0米，水深0.5～0.6米；池四周砌0.5米高的砖石围墙防逃，墙入土0.3米；池底呈锅底形，四周形成一个向内倾斜的斜坡浅滩，并在滩上堆集一些小沙堆，供种龟产卵；池内可植一些水浮莲，以供龟在夏季隐蔽，并利于降低水温。

种龟按雌雄2∶1比例放入种龟池，放养密度为每平方米3～5只。产卵前要加强培育，特别是水温在20℃以上时，此时为雌龟生殖腺发育的关键时期，必须每天定质、定量、定时、定位投喂饵料。饵料要新鲜，投喂量以龟在两小时内吃完为准。气温在25℃以下时，每日投喂一次；气温在26℃以上时，每天投喂两次。

三、采卵

金钱龟的产卵期在每年的4～8月，5～6月份为产卵盛期。刚产出的卵透明呈米黄色，壳较软有弹性。入土后变硬。每枚卵重12.5～18.3克，受精率为70%～80%。在产卵期，晚上注意观察，留意龟扒穴的地点，以便第二天采卵。认定是产卵穴后，用手轻轻将上层的沙扒开，如果见到龟卵，小心取出或先作好标记，过24小时再采集。产卵场每天喷水一次，每周要全面翻沙一次，将遗漏的卵捡出。

刚产出的卵无法鉴别其是否受精。48～72小时后则可分辨。

受精卵在卵壳中部有一圈不透明的乳白色带，而未受精卵则没有这一特征。

四、人工孵化

可以用木箱或其他可透气的容器作孵化器。先在孵化器的底部铺 5~10 厘米厚的细沙，摆好受精卵，再覆盖 3~4 厘米细沙。沙的含水量为 5%~10%。可以自然温度孵化或恒温孵化。自然温度孵化约需 80~90 天，恒温孵化则只要 70 天左右。

第三节 养殖技术

一、稚龟暂养

刚孵出的稚龟不需喂食。将稚龟放到木盆或胶盆内，铺上湿细沙，任其爬行一两天。待卵黄吸收干净、脐带掉了后用 10% 的盐水或 1 ppm 的高锰酸钾溶液浸泡消毒，放入胶盆或木盆内暂养，喂熟蛋黄或碎猪肝。两星期后移至稚龟池饲养。

二、稚龟饲养

稚、幼龟池宜建于室内，池壁高 30~50 厘米，水深 8~10 厘米，池壁外设一平台，供幼龟陆上活动、摄食及休息。平台与水面交接处砌成 30° 的斜坡。每个池都要设置进排水孔。

稚龟放养密度为 50~100 只/平方米。一般投喂小鱼、小虾、瘦肉、蚯蚓等，最好与蛋白混合投喂。日投饵量为体重的 3%~5% 并根据季节及天气变化而灵活调整，分上午、傍晚两次投喂。过冬前，稚龟可长至 30 克左右。稚龟可在室内稚龟池越冬。越冬时可在池底铺上一层 20~30 厘米厚的细沙，并保持湿润，让龟主动挖穴越冬。越冬前，多投喂一些高营养的动物性饵料，以增加体内的脂肪积累，利于安全越冬。

三、幼、成龟的饲养

过冬后的稚、幼龟可在专用的幼龟饲养池或成龟饲养池内进行饲养。饲养池可用土池，也可用水泥池，面积根据放种数量而定。池周设有陆地，并有一定的坡度。陆地上设有若干沙堆。池水深 60 厘米以上，水中放些水浮莲，供龟隐蔽和夏季降低水温。盛夏时应考虑搭凉棚降温。幼龟每平方米放养 40 ~ 50 只。随着龟的增重而逐渐分疏密度。投饵以动物性饵料为主，辅以部分植物性饲料。动植物饵料的的搭配比例以 3∶1 为好。实践证明，用鱼肉饲养的金钱龟生长最佳。投饵量为体重的 5% ~ 10% （湿料）。

饲养金钱龟过程中，要求水质清新，以保持淡绿色为佳。水的透明度应保持在 30 厘米左右。水池水易变质，应定期更换，保持清洁。

第四节 病害防治

从目前发现的病例来看，金钱龟的疾病主要有：

一、红脖子病

病原：嗜水产气单胞杆菌嗜水亚种。

病症：病龟的咽喉部和颈部肿胀，充血发红，不能缩回甲内。腹甲出现赤斑，皮下充血，全身水肿。病情严重时眼球浑浊而失明，口鼻出血，背甲失去光泽，反应迟钝，不摄食。病龟肝、脾肿大，质脆易碎，颈内、腹腔内充满黏液。

防治方法：

1. 注射治疗：每公斤龟用卡那霉素或庆大霉素 15 ~ 20 万国际单位。若 5 ~ 6 天没明显好转，用同样剂量进行第二次注射。

2. 内服结合外用：每公斤龟用卡那霉素 20 ~ 22 万国际单位拌入饵料投喂。第二天用呋喃西林 2.0 ~ 2.5 ppm 全池遍洒。隔 8 ~ 10 天再以同样浓度全池遍洒。

3. 水体消毒：红霉素 1.5 ~ 2.0 ppm 全池遍洒。pH 值在 7.5 ~ 8.2 之间疗效最好。

二、腐皮病

病原：气单胞菌、假单胞菌和无色杆菌等。

病症：病龟颈部、四肢、尾部等处皮肤糜烂或溃烂，严重时组织坏死，形成溃疡。有时局部皮肤变白或有红色伤痕。有时爪脱落，四肢的骨外露。主要是龟体受伤继发性感染病原菌所致。

防治：

1. 用呋喃西林或呋喃唑酮浸洗，用药浓度和浸洗时间与红脖子病相同。

2. 用漂白粉全池遍洒。用 1.5 ppm 浓度进行预防。

3. 用链霉素或磺胺噻唑 10 ppm 浸洗病龟 48 小时，隔天浸洗一次，3~5 次可痊愈。

4. 改良水质：pH 值保持 7.2~8.0，如低于 7.0，可泼洒生石灰使其浓度达 15 ppm，同时要定期加注清水，每次注水深 3.0~5.0 厘米，保持池水清洁。

三、肠胃疾病

病原：点状产气单胞菌、大肠杆菌等。

病症：食欲不好，食量减少或停食，粪便稀软不成型，色呈红褐色或黄褐色，严重时水泻，有恶臭味。通常在喂食后，四周环境温度突然下降，造成消化不良时发病。

防治：

1. 加强饲养管理，投喂鲜活饵料要消毒，饲料要新鲜。保持环境温度相对稳定，特别是在喂食期间和喂食后更要注意。

2. 用 0.5~0.8 ppm 的强氯精全池遍洒，消灭水体中病原菌。通常连续用药两次。

3. 用漂白粉 1.5 ppm 全池遍洒。

4. 用磺胺脒（克菌定）内服，每 10 公斤鱼第一天用药 2.0 克，第二至第六天减半，连用 6 天为一疗程。

四、肤霉病

病原：水霉菌、绵霉菌、丝囊霉菌等多种水生真菌。

病症：龟体机械性损伤或因其他原因而受伤时，水霉菌及绵霉菌便侵入伤处。病龟体表、四肢和颈部附有大量灰白色棉絮状的菌丝体，严重时腐烂、充血，游动迟缓，食欲减退，影响生长或导致龟体瘦弱而死亡。此病以冬末春初多见，有时水霉菌并不多，因继发性感染致病菌而造成龟的大量死亡。

防治：

1. 在操作时要仔细，防止机械性损伤，并在越冬前进行龟体寄生虫的杀灭处理。

2. 内服：每50公斤龟每天服维生素E3.0～4.5克。连服10～15天。

3. 外用：1%孔雀石绿涂抹患处，每天一次，时间为40秒至1分钟，连续用药3～5天，直至菌丝脱落。

4. 用6.5 ppm孔雀石绿浸洗5～7分钟，每天一次，连续两天。

5. 用食盐0.05%加碳酸氢钠0.05%合剂全池遍洒。

6. 用升温防治法：将病龟用6.5 ppm孔雀石绿浸洗5～7分钟，再转入温室饲养，每天逐渐升高水温5℃，最后水温达到30℃，水霉死亡而脱落。

第五章　鳄龟的养殖

鳄龟原产美洲，加拿大南部、美国、墨西哥、中美以及南美的厄瓜多尔均有分布。分类上属龟鳖纲、曲颈龟亚目、鳄龟科、鳄龟属。近年我国一些地区从美国引进了鳄龟进行驯养和繁殖。

鳄龟的出肉率较高，可达85%左右，鳄龟肉味道鲜美，营养丰富，具有较高的食用价值。由于鳄龟长相奇特，具有一定的观赏价值，目前被众多的特种水产养殖者看好。

第一节　生物学特性

一、形态特征

鳄龟体呈椭圆形，前窄后宽。头很大，不能缩人甲内。颌强壮，上颌钩曲呈鹰嘴状，下颌略尖。眼较小。背甲比背部略宽，隆起较小。背甲有三条脊棱纵向排列。脊盾和肋盾长有结节，使脊棱更加突出。脊棱和结节的大小与亚种有关，但随着年龄的增长，背甲会越来越光滑。背甲后端缘盾呈锯齿状。腹甲薄且退化，十字形，甲桥非常狭窄。前后肢均具 5 爪，除内侧的指、趾外，其他指趾均有锐利的长爪，指趾间具全蹼。尾长几乎与背甲等长，其上有三排薄片状的疣子。在腿部、颈及尾部有许多疣子。背甲的颜色因生活环境不同，有黄褐色、棕色、橄榄色和黑色。皮肤从上至下由棕色到黑棕色，底部肤色为淡黄色或白色，腹甲为淡黄色，幼龟全身为黑色。

二、生活习性

鳄龟可居住在任何自然的水体里，喜欢沙底的池塘，象甲鱼一样躲在沙里伺机猎食。具有很强的耐寒能力，可以在冰封的湖及河流中活动。它们为高度水生的品种，大部分时间在水里生活，偶尔上陆地活动。

鳄龟为杂食性。在野外，它们吃任何能捕捉到的东西，包括鱼、蛙、蟹、蜗牛、昆虫、腐肉、蔬菜、水禽、小的爬行类及哺乳类动物，还包括其他种类的鳄龟和蛇。除动物外，还吃蔬果类植物，从野外捕获的鳄龟胃中竟有 40% ~ 50% 的蔬菜类植物。像其他水生龟类一样，鳄龟吞食整个小猎物或把大猎物撕成小块再吞食。成龟将猎物拉下水进食，包括猎到的水禽类。在水中，鳄龟可最大程度地减低猎物对它的危害。鳄龟偶尔也在陆地上进食。

雄、雌鳄龟在背甲长达 20 cm 时达到性成熟，这随着地域的不同而有变化，越往北方，达到性成熟的个体越大。鳄龟交配活动从5月直到10月。在美国南方，5月15日开始产卵，北方则在6月15日开始。雌龟能够跨季节贮存活的精子和受精卵，大部分的鳄龟在水边岸基产卵，有一些鳄龟则跋涉3公里左右去产卵。窝卵量在20～40枚左右。雌龟个体越大，窝卵量越大。北方的雌龟个体大，故窝卵量也大。孵化期所需时间，最短55天，最长125天。如同其他龟卵一样，温度越高，孵化时间越短。像其他品种的龟一样，鳄龟的性别由孵化温度控制。20℃只孵出雌龟，同样在29～31℃时，也只孵出雌龟，在23～24℃只孵出雄龟。孵化温度处于上述温度两端附近即20～23℃或24～29℃范围时将会孵出雌龟与雄龟。

鳄龟的寿命估计为30～40年，在北方，它们生存的时间会更长。34公斤的成龟为大个体，13～14公斤为通常的成体规格，18～27公斤的规格较少。孵出的幼龟会被大鸟、短吻鳄、大鱼、蛇和其他鳄龟吃掉，成体鳄龟主要被人类捕食，短吻鳄、水濑、郊狼和熊也会猎食鳄龟。

当鳄龟长大至背甲长18～23 cm、体重2～4公斤规格时，在室内或室外小环境内变得不易管理。它们在自我保护中富有进攻性，当有东西接近或感觉到受威胁时，鳄龟会隆起背甲，发出嘶嘶的叫声，并放出麝香的气味，竖起背甲转向威胁者作自我保护。鳄龟的攻击能力很强，不但可以向前或向两边攻击，而且它们的头能够反转过来，越过背甲2/3的地方向后攻击。

第二节　人工繁殖

一、种龟的选择

目前种龟主要来源于人工养殖的个体。人工饲养的鳄龟两年性成熟。种龟应选择个体肥大、无病无伤、体重达1.5公斤以上。雄性的体形较大，有较长的尾，且泄殖孔位于背甲边缘之外；雌性龟尾较短，泄殖孔位于背甲边缘之内。

二、种龟放养

种龟池的大小按生产需要而定，一般以 50 平方米左右为宜。以水泥结构为常用。池的一边留 1/4 作产卵场，可栽种一些花木，其上铺放 20 厘米厚的沙土，供种龟产卵。产卵场的陆地与水池相接处尽可能平缓，宜在 25°左右，以便种龟上岸。产卵场上宜搭棚遮挡雨水及阳光。水面放养一些浮萍，既可净化水质，又利种龟隐蔽。种龟池四周应有 0.8 米高的防逃墙，墙的内壁应光滑，不宜种龟攀爬。

种龟按雌雄 3:1 比例放入种龟池，放养密度为每平方米 1～3 只。产卵前要加强培育，每天投喂二次，上午投 1/3，下午投 2/3。饲料为杂鱼虾、各种畜禽内脏及少量蔬果。食料量以在 2 小时内食完为准。投喂时应做到定时、定点、定量、定质。

三、交配与产卵

鳄龟的交配季节在国内为每年的 4～9 月。交配时雄龟奋力爬到雌龟背上，直到雌龟停止爬动，雄龟后腿蹬地，前爪钩住雌龟的背甲。交尾过程中，雄龟头颈伸直且左右摇晃，有时两龟的鼻孔对鼻孔，互相对峙。5～11 月为产卵期，6 月为盛期。产卵多在晚上。产卵时，雌龟挖的洞穴是洞口大，洞底小，洞穴深 10～13 厘米。每窝卵有 11～83 枚，通常 20～30 枚。体形大的雌龟产卵多。卵呈白色，圆球形，外表略粗糙，直径 23～33 毫米，重 7～15 克。

四、采卵与人工孵化

在产卵季节，晚上要注意观察母龟产卵，以便第二天采卵。标记出产卵穴后过 24 小时再采集。采卵时应小心地将上层沙扒开，轻轻地将卵放入沙盘中，并用沙子覆盖，移入孵化房进行人工孵化。高温季节要保持产卵场的湿度，最好视情况每天喷水一次。另外，每周要全面翻沙一次，将遗漏的卵捡出。

木箱或其他可透气的容器均可作为孵化器。先在孵化器的底部铺 5~10 厘米厚的细沙，细沙在使用前应冲洗干净并经太阳暴晒。采到受精卵以后放入孵化器内，有白色点的动物极朝上，再覆盖 3~4 厘米厚的细沙。沙的含水量为 5%~10%。可以自然孵化或恒温孵化。自然温度下经 55~125 天可孵出稚龟，恒温孵化时最好控制在 27~28 ℃，注意控制孵出稚龟的雌雄性比。

第三节　养殖技术

一、稚龟暂养

稚龟出壳后，让其在铺有湿细沙的木盆或胶盆内爬行一两天。待卵黄吸收干净、脐带掉了以后，用 10% 的盐水或 10 ppm 的高锰酸钾溶液浸泡消毒，放入胶盆或木盆内暂养。用红虫、切碎的蚯蚓、蛋黄或碎猪肝喂养两三个星期后移入稚龟池。

二、稚龟饲养

稚龟一般以水泥池为饲养池。面积一般为 5~10 平方米，分陆地与水池两部分。陆地为稚龟活动、摄食及休息的场所，占 1/4 即可。陆地与水面交接的坡度以 25~30° 为宜。稚龟池上宜搭棚或拉一遮荫网。饲养池应有进、排水孔，并有防逃设施。

稚龟放养密度为 30~50 只/平方米。稚龟消化能力较弱，宜选用嫩、鲜、活、易消化、富营养的饵料。最好选择摇蚊幼虫、小黄粉虫、碎鱼肉或动物内脏的碎块投喂。饲料放固定食台上。日投喂两次，上午 9：00 喂 1/3，下午 5：00 喂 2/3。坚持"四定"方针，并注意根据气温、水温及稚龟吃食情况灵活投喂。投喂 2 小时后，检查食台，及时清除残饵。平时加强观察，留心老鼠、蚂蚁、蛇等动物或人为因素造成稚龟损失。当稚龟长至 50 克后，可转入幼成龟养殖。

三、幼、成龟养殖

鳄龟养殖池的形状依地形条件确定，面积可以根据生产计划而定。养殖池周边宜用砖石砌成，以防龟打洞。在池的一边留

1/4作陆地，栽种一些花木，空余陆地铺上 20 厘米厚的沙土，可供龟栖息。陆地与水面相接的坡度较缓，宜在 25～30°。龟池底部深浅不一，以利不同大小的龟选择最适宜的水层栖息。近岸处可建成浅水区，约 5～20 厘米深，占 20%；其次为中水区，20～60 厘米，占 30%；最后为深水氏，80～120 厘米，占 50%。池底应铺 20～30 厘米沙土，便于鳄龟钻入沙土越冬。水面放养一些水草和浮萍，可净化水质及利于龟的隐蔽。养殖池四周应建有0.8 米高的防逃墙，墙的顶部呈"T"形。养殖池的上方可立架栽种扁豆、丝瓜、葡萄等藤蔓植物，夏季可为龟降温消暑。幼龟放养量为 15～20 只/平方米，成龟 4～6 只/平方米。鳄龟要分级分池放养，以免饵料不足时自相残杀。每天投喂两次，上午 1/3，傍晚 2/3。饵料为杂鱼肉、虾、螺、蚌或动物内脏，加部分蔬果。也可以用甲鱼全价饲料投喂。饲料大小要适口。投料应固定地点，坚持"四定"方针。注意根据气温、水温及吃食情况灵活调整。鳄龟年均增重 550～1 100 克，生长速度快于一般龟。

养殖水池最好每半个月用生石灰水泼洒消毒一次，平时注意抽走一部分老水，添入一些新水，透明度控制在 20～30 厘米。保持水质清爽无异味，可有效防止龟病发生。鳄龟的潜逃能力较强，能直立，能爬树及粗糙的墙面和水泥面，因此需经常检查防逃墙，防止龟逃走。

四、越冬

冬季来临时，达到 250 克的幼龟，抵抗力较强，可让其自行钻入深水区的沙土中冬眠。如水面结冰，可将冰打碎捞出或者在水池上方搭建上一层保温膜即可。对未达 250 克的鳄龟应将其移入室内池，在其钻入的潮湿沙土上铺稻草等保温物，将温度控制在 3～8 ℃之间。来年春天鳄龟可自行爬出沙层。在广东，一般不需任何措施，鳄龟即可安全过冬。

第四节　病害防治

鳄龟的抗病能力很强，但在人工饲养下，由于温度、饵料、水质等方面因素，龟有时也会患病。目前发现的病主要有：

一、肠胃疾病

病原：点状产气单胞菌、大肠杆菌等。

病症：食欲不好，食量减少或停食，粪便稀软不成型，色呈红褐色或黄褐色，严重时水泻，有恶臭味。通常在喂食后，因四周环境温度突然下降，造成消化不良时发病。

防治：

1. 加强饲养管理，投喂鲜活饵料前要消毒，饲料要新鲜。保持环境温度相对稳定，特别是在喂食期间和喂食后更要注意。

2. 用 0.5～0.8 ppm 的强氯精全池遍洒，消灭水体中病原菌。通常连续用药两次。

3. 用漂白粉 1.5 ppm 全池遍洒。

4. 用磺胺脒（克菌定）内服，每 10 公斤鱼第一天用药 2.0 克，第二至第六天减半，连用 6 天为一疗程。

二、肤霉病

病原：水霉菌、绵霉菌、丝囊霉菌等多种水生真菌。

病症：龟体机械性损伤或因其他原因而受伤时，水霉菌及绵霉菌便侵入伤处。病龟体表、四肢和颈部附有大量灰白色棉絮状的菌丝体，严重时腐烂、充血，游动迟缓，食欲减退，影响生长或龟体瘦弱而死亡。此病以冬末春初多见，有时水霉菌并不多，因继发性感染致病菌而造成龟的大量死亡。

防治：

1. 在操作时要小心，防止机械性损伤，并在越冬前进行龟体寄生虫的杀灭处理。

2. 内服：每 50 公斤龟每天维生素 E3.0～4.5 克。连服 10～

15 天。

3. 外用：1%孔雀石绿涂抹患处，每天一次，时间为 40 秒至 1 分钟，连续用药 3~5 天，直至菌丝脱落。

4. 用 6.5 ppm 孔雀石绿浸洗 5~7 分钟，每天一次，连续两天。

5. 用食盐 0.05%加碳酸氢钠 0.05%合剂全池遍洒。

6. 用升温防治法：将病龟用 6.5 ppm 孔雀石绿浸洗 5~7 分钟，再转入温室饲养，每天逐渐升高水温 5 ℃。

三、水蛭病

病原：金钱蛭、陆蛭等寄生虫。

病症：主要寄生在皮肤较薄的部位。龟被寄生后，反应迟钝，精神不振，并有焦燥不安。容易引起龟贫血、营养不良、病菌感染甚至死亡。

防治：

1. 用生石灰 40~50 ppm 或用 1 ppm 晶体敌百虫，0.7 ppm 硫酸铜，10 ppm 高锰酸钾等某一种全池泼洒。

2. 将感染的龟放入 2%~3%的食盐水中浸泡 30 分钟左右。